I0067532

PROMENADES

D'UN

NATURALISTE

PAR M. V.-O.

TOURS

ALFRED MAME ET FILS

ÉDITEURS

PROMENADES

D'UN

NATURALISTE

PETIT IN-8° ILLUSTRÉ

3° S
4033

PROPRIÉTÉ DES ÉDITEURS

Volière.

BIBLIOTHÈQUE R.I.

PROMENADES

D'UN

NATURALISTE

PAR M. V. O.

HUITIÈME ÉDITION

REVUE ET CORRIGÉÉ

TOURS

ALFRED MAME ET FILS, ÉDITEURS

—

M DCCC LXXXIV

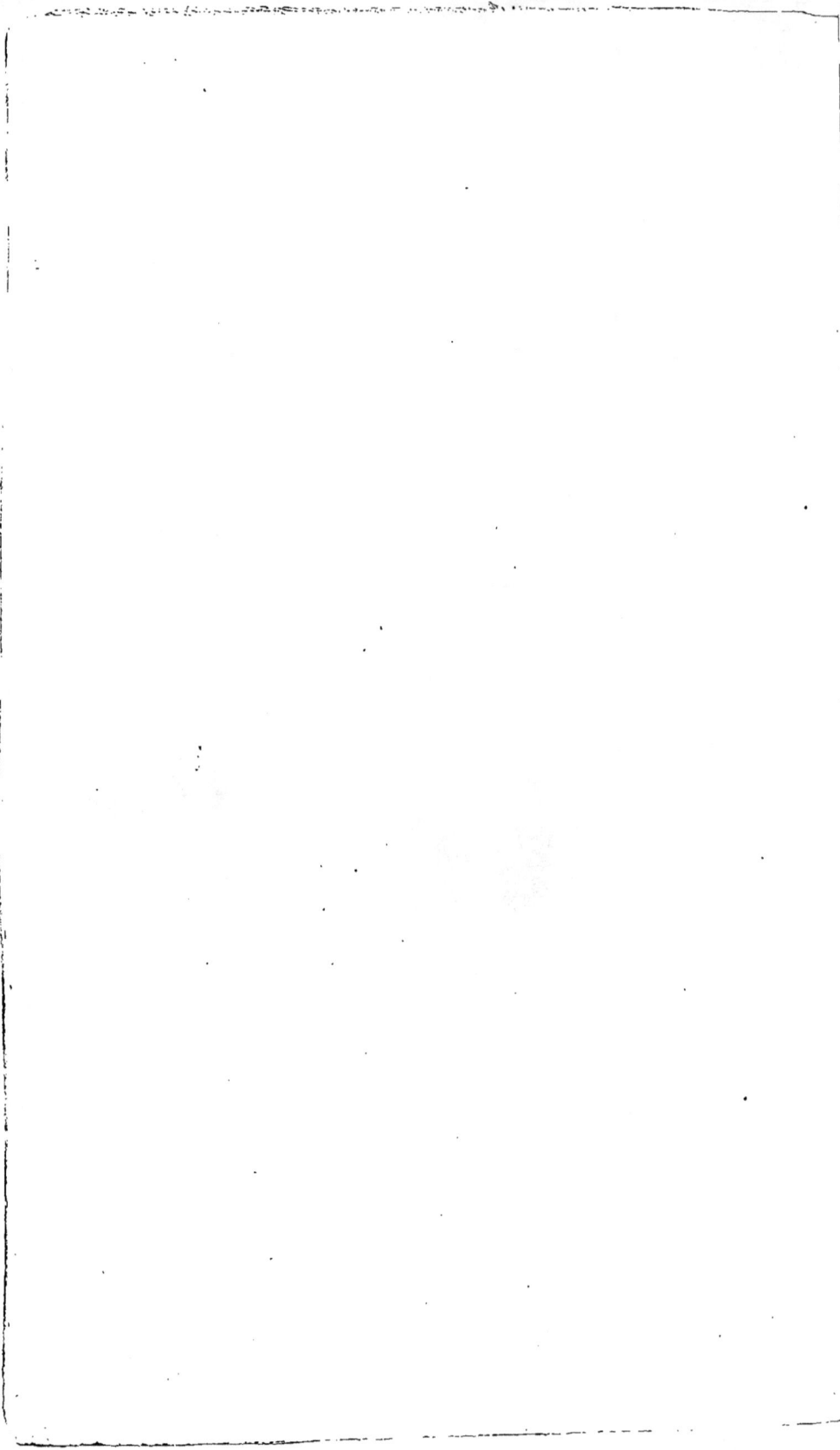

INTRODUCTION

S'il est une chose qui doive exciter notre étonne-
ment, c'est que dans un siècle aussi éclairé que le
nôtre, et à une époque où les anciens préjugés disparaissent devant les nouvelles découvertes de la
raison et de la science, on trouve si peu de personnes, comparativement parlant, qui s'adonnent à
l'étude de l'histoire naturelle, ou pour lesquelles
elle ait des charmes ou de l'intérêt. Ce sujet obtient
à peine quelques instants d'attention passagère; certains esprits dédaignent de l'approfondir, et le relè-
guent parmi les jeux de l'enfance. L'historien de
la nature est pourtant appelé à consigner des faits
plus importants que les méandres d'un papillon, la
filature d'une larve ou l'épanouissement d'un pétale;
ses études, en les considérant d'une manière abstraite
et en dehors des branches si variées qu'elles embras-
sent, lui procurent une des plus délicieuses occu-

pations qu'un être raisonnable puisse se donner :
peut-être n'est-il pas dans la vie humaine de délassement plus digne de ce nom, ni plus satisfaisant
dans ses résultats, que celui qui a pour objet d'étu
dier de près l'économie de la Providence dans le
monde de merveilles qui nous entoure, dans cette
récréation sans cesse animée par sa présence.

Ces recherches, dont les objets sont inépuisables,
élèvent et agrandissent l'esprit qui s'y livre; elles
fournissent un sujet de méditations à l'homme séden-
taire et studieux, elles donnent de la vie et du
charme aux promenades de l'homme actif, et communiquent de l'intérêt à tout ce qu'il rencontre sur
son chemin. Pour cela il n'est pas nécessaire de
vivre exclusivement avec les hôtes de l'air, les hum-
bles habitants des haies et des bosquets, ou parmi
les fleurs et les herbes des champs; mais s'accoutu-
mer à passer auprès d'eux avec indifférence, c'est se
priver volontairement d'une source abondante de
plaisirs innocents, dignes de récréer les loisirs de
l'homme raisonnable, et qui mèneraient par une
gradation facile à la contemplation d'un ordre de
choses plus élevé.

On ne saurait trop tôt diriger l'attention de l'enfance vers les merveilles de la création qui l'entourent. Plus tard les soins absorbants, les tristes réali-
tés de l'existence viendront peut-être la distraire de
ces premières et si douces impressions; mais ces
goûts de nos jeunes ans ne s'effaceront jamais entièrement, et l'esprit, fatigué sous le poids des préoc-

cupations et des soucis, ira redemander à la solitude
et aux pures jouissances de la vie champêtre le bonheur et la paix. Nos connaissances en histoire naturelle sont dues pour la plupart à des recherches per--
sévérantes, et tout incertain qu'est le succès de nos
labeurs, parfois un rayon de lumière viendra sillon-
ner la route obscure de l'humble investigateur, et lui
laissera rapidement entrevoir des vérités cachées.
Que l'homme oisif ou ignorant ne vienne donc pas
se railler de celui qui consacre des moments libres à
examiner une mousse, un champignon ou un scara-
bée; ce sont les œuvres de l'intelligence suprême,
qui ont chacune dans la création un but déterminé.
L'étude de leur merveilleuse organisation a dissipé
pour nous plus d'un moment d'ennui et de tristesse,
et, disons-le encore, elle a peut-être contribué à
nous rendre meilleurs, et à nous disposer à cette
transformation complète qui nous attend, et dont
les différentes phases de la vie animale et végétale
nous offrent le plus touchant emblème.

Qui racontera les merveilles sans nombre de la
création? Qui descendra dans les fleuves et les abîmes
de la mer pour en étudier tous les habitants? Nous
en connaissons à peine quelques-uns; mais dans ce
peu, combien de choses qui nous passent et nous
confondent! Cette éponge avec laquelle nous essuyons
nos meubles, savons-nous bien qui nous l'a faite?
C'est la maison mouvante que des vermisseaux marins se construisent eux-mêmes sur le flanc des
rochers. Et ce corail dont nous admirons le vermeil,

1*

c'est un débris de la roche pierreuse que de petits
insectes se bâtissent en forme de tronc d'arbre au

Madrépore aux longues alvéoles attaché sur une pintadine mère perle.

fond de la mer. Et ces perles auxquelles nous met-
tons un si haut prix, ce sont les gouttes de sueur

qu'une espèce d'huître ou de limace océanique a
laissées se coaguler, en formant, à l'aide de sa
transpiration, ces deux écailles qui sont à la fois sa
maison, son vêtement et ses os. Et cette pourpre
dont s'enorgueillit le manteau des rois, c'est une
liqueur que distille dans sa conque une espèce d'es-
cargot de mer. Salomon devra la couleur royale de
ses vêtements à un animal rampant, et, avec toute
sa magnificence, il n'égalera pas une fleur des
champs.

L'habitant d'un autre coquillage enseignera la
navigation. Le nautile ou navigateur, mollusque
marin à huit bras, se bâtit de sa propre substance
une conque en forme de navire, y met assez d'eau
pour lui servir de lest, élève deux de ses bras, déploie au vent la membrane ou voile qui les unit, en
allonge deux autres dans la mer comme deux avirons,
puis un cinquième qui lui tient lieu de gouvernail,
il traverse ainsi l'Océan à voile et à rame, étant lui-
même son navire, son pilote et son équipage. Ce
n'est pas tout : une tempête s'annonce-t-elle, un
ennemi est-il à craindre, l'industrieux argonaute
replie sa voile, rentre ses avirons et son gouvernail,
emplit d'eau son bâtiment et s'enfonce dans l'abîme.
Le danger est-il passé, il renverse sa barque sens
dessus dessous, y produit le vide et la fait remonter.
Arrivé à la surface, il la retourne adroitement, la
remet à flot, déploie de nouveau sa voile et recom-
mence à voguer au gré des vents. Quand l'homme
trouvera-t-il le secret d'échapper ainsi à la tempête?

Mais ne restons pas toujours dans les ondes amères de l'Océan, entrons un peu dans les fleuves et les rivières. Tout le monde y connaît l'écrevisse, avec ses tenailles et sa cuirasse solide. Mais tout le monde connaît-il la merveille qui s'opère en elle chaque année? Je ne parle pas des œufs qu'elle porte et qu'elle fait éclore sous sa queue; je ne parle pas même de l'incroyable faculté qu'elle possède de reproduire les antennes et les pattes qu'on lui arrache ou qu'elle s'arrache elle-même, je parle de la transmutation complète qu'elle subit tous les ans. Elle se dépouille non seulement de sa robe écailleuse, mais encore de toutes ses parties cartilagineuses et osseuses, même de son estomac et des intestins; elle se refait à neuf tout entière. Pour comble de singularité, il paraît qu'avec son nouvel estomac elle digère l'ancien. Qui comprendra jamais cette mort et cette résurrection annuelles, mort et résurrection qui sont communes à l'écrevisse et à tous les animaux de même genre. Que de mystères!

En voici de non moins étonnants :

Dans nos ruisseaux, dans nos fossés, dans nos mares, et sur la vase qui est au fond, et au milieu des lentilles qui en tapissent la surface, il existe de petits êtres, de couleur verte ou brune, que l'œil de l'explorateur a souvent de la peine à distinguer de la plante qui les supporte. Ce sont les *polypes,* ou plutôt les *hydres* d'eau douce. Longs, à peu près, de 6 millimètres, ils ont la forme d'un petit cornet dont l'extrémité pointue est pourvue d'une ventouse, permettant à l'animal de se fixer sur les corps étrangers ; tandis que la partie évasée est surmontée par des filaments ou bras grêles, atteignant chez l'*hydre aux longs bras* jusqu'à 5 ou 6 centimètres, et dont le nombre varie de 6 à 13 ou même 18. Ces bras sont quelquefois aussi déliés que des fils d'araignée, et cependant forment tout l'appareil de chasse du petit animal. L'hydre les étend autour d'elle, explorant sans cesse l'eau qui l'entoure. Malheur aux insectes qui viennent à les rencontrer. Ils semblent frappés de paralysie et demeurent attachés au bras qu'ils ont touché. Celui-ci s'enroule alors autour d'eux et les transporte dans la cavité même du polype. Souvent deux de ces animaux avalent le même ver, chacun par un bout ; quand alors ils se rencontrent, plus d'une fois il arrive que l'un avale l'autre avec la portion du ver qui se trouve dans son corps. Ce qui est encore plus curieux, c'est qu'au bout d'une heure le polype sort sain et sauf du corps de celui qui l'avait englouti ; il n'y perd que sa proie. Autre singularité et qui n'appartient qu'à lui : c'est qu'on peut le découper en long ou en large, en autant de morceaux qu'on voudra ; chaque morceau deviendra un polype complet, qui en produira d'autres à son tour. Mais ce qui est plus étonnant encore c'est qu'on peut retourner l'hydre absolument comme un doigt de gant, sans, pour cela, la priver de la vie. Pendant quelque temps le patient semble mal à l'aise ; il tente même des efforts pour reprendre sa position primitive. S'il n'y parvient pas, il fait vite contre mauvaise fortune bon cœur et ne tarde pas à manger copieusement, sans doute pour réparer le temps perdu. Ce n'est que vers 1744 qu'on a commencé à prendre garde à ce prodigieux vermisseau ; la science ne tente même pas d'en expliquer les mystères et les merveilles. Combien d'autres prodiges semés sous nos pas que nous ne daignons pas même regarder !

Depuis l'invention du microscope, lunette qui grossit étonnamment les petits objets, on a découvert dans chaque goutte d'eau où l'on a fait infuser des parties animales ou végétales telles que du poivre, tout un monde de petits animalcules invisibles à l'œil nu et inconnus aux anciens. Un observateur célèbre en a compté jusqu'à deux mille, quelquefois même jusqu'à huit et dix mille dans une seule goutte de pluie, où ils nagent comme dans une vaste mer [1]. Il estime que mille millions n'en sont pas aussi gros qu'un grain de sable ordinaire ; cependant chacun a sa forme spéciale. Il y en a de sphériques, de plats, de longs ; il y en a qui changent de forme à chaque instant ; il y en a qui s'ouvrent en entonnoir pour saisir leur proie, car ils mangent et digèrent. Il y en a de si voraces, qu'ils se mangent les uns les autres.

Coupés en deux, chaque morceau devient un animal complet ; mis à sec, ils se contractent et expirent ; humectés, ils ressuscitent après des années

---

[1] Leuwenhoek, *Journal des savants* du 14 mars 1678.

entières et jusqu'à vingt fois. Humilions-nous, con-
fondons-nous en voyant Dieu si admirable dans des
choses si communes.

Infusoires fossiles de la craie de Meudon.

Mais, tandis que nous nous perdons dans une
goutte d'eau à considérer des êtres infiniment petits,
voici l'énorme baleine qui s'avance du Nord, dor-
mant sur l'Océan comme une île flottante, de vingt
à vingt-trois mètres de long, sur laquelle on aperçoit des coquillages et quelquefois même des plantes.
Le marinier est sur le point d'y débarquer, lorsqu'elle se réveille; d'un coup de sa queue elle fait
chavirer, ou peu s'en faut, le navire.

Elle plonge dans les abîmes avec son petit, gros
comme un bœuf, qu'elle embrasse avec ses nageoires
et qu'elle allaite de ses deux mamelles. Quoique

l'animal le plus énorme qui existe, elle a peur;
elle trouve souvent, en effet, des ennemis redoutables, contre lesquels elle n'a de défense que sa
queue. L'espadon, beaucoup moins gros qu'elle,
mais armé à la tête d'une longue épée dentelée de
chaque côté, la poursuit avec acharnement. Elle

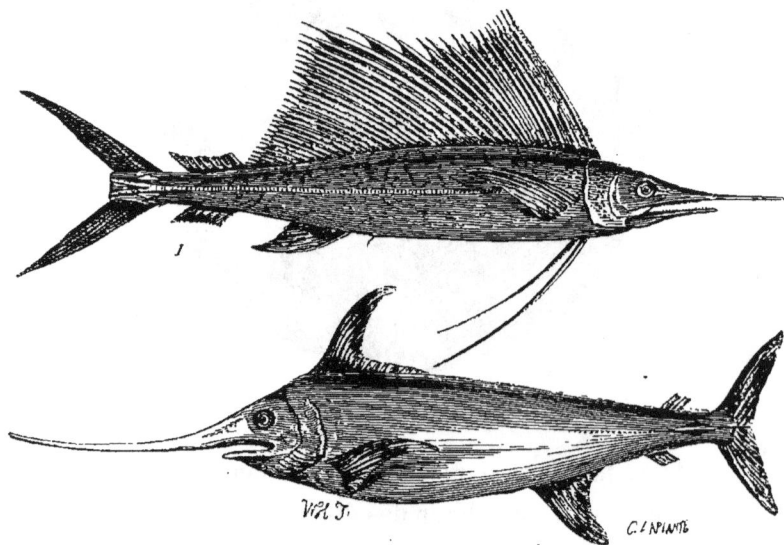

1 Le voilier des Indes.   2 L'espadon.

tâche de le frapper de sa queue et de l'écraser ainsi
d'un seul coup. Mais souvent l'espadon lui échappe,
bondit en l'air, retombe sur elle, et s'efforce, non
de la percer, mais de la scier avec son épée à dents.
La baleine rougit la mer de son sang, qui jaillit à
gros bouillons de ses blessures; elle entre en fureur,
elle frappe sur l'eau des coups si épouvantables, que
le navigateur en frémit au loin.

Un ennemi encore plus à craindre pour elle, c'est l'homme. Il viendra un jour jusqu'au milieu des glaces du Nord lui faire reconnaître son empire. Si elle pouvait toujours demeurer au fond des eaux, elle aurait encore moyen de lui échapper. Mais non ; elle ne jouit pas du privilège des poissons, il faut qu'elle vienne de temps en temps à la surface pour respirer l'air. L'homme en profitera pour lui lancer, de dessus une frêle barque, un harpon acéré qui entre dans sa chair et en fait jaillir des flots de sang. Elle aura beau bouleverser la mer par les battements de sa queue, le fer reste fixé dans la large plaie. Elle aura beau s'enfoncer dans l'abîme, le fer la suit dans l'abîme, et avec le fer un long câble dont le bout est dans la barque. Et puis il faut bien qu'une demi-heure après elle revienne sur l'eau pour reprendre haleine. Le hardi pêcheur en profite pour l'achever à coups de dard. Morte, on la suspend avec des chaînes au côté du gros navire. Des charpentiers, les pieds armés de crampons de fer, montent sur son dos, en dépècent le lard à coups de hache. Sa graisse, son huile, enrichira des provinces : le commerce la transportera de royaume en royaume ; les arts l'emploieront à beaucoup d'usages différents. Les lames osseuses ou fanons qui garnissent sa gueule, et avec lesquelles elle écrase les insectes et les petits poissons dont elle se nourrit, serviront, entre autres choses, à former la charpente des parasols et des parapluies. Son énorme squelette amusera peut-être les enfants de quelque grande cité, tandis que les peuples du Groënland en feront la carcasse de leurs barques, qu'ils recouvriront de sa peau.

Chose étonnante, qu'on aura sans doute remarquée déjà : entre les imperceptibles habitants d'une goutte de pluie, comme entre les gigantesques baleines de l'Océan, il y a guerre, il y a combat à mort. Mais sous la main de la Providence, ces guerres et ces combats entretiennent la vie et l'harmonie universelles.

Ainsi cette année, comme les précédentes, des milliers de harengs et de morues, poursuivis, à ce qu'il semble, par des baleines, et attirés par des insectes et de petits poissons, viendront se faire prendre le long des côtes d'Europe et sur les bancs de Terre-Neuve, afin de servir de nourriture à des millions d'hommes. Et l'année prochaine, dans la même saison, il en reviendra tout autant. Et malgré cette consommation prodigieuse, leur nombre ne diminuera point : Dieu leur a donné une fécondité plus prodigieuse encore. Une seule femelle de hareng produira au moins dix mille œufs ; une seule morue jusqu'à dix millions. Ont-ils approvisionné les divers peuples de la terre, et pourvu en particulier à la nourriture du pauvre, les harengs, et après eux les morues, s'en retournent sous les glaces du Nord, s'y multiplient sans péril, et reviennent l'année suivante par millions, marchant à la suite de quelque chef, en ordre de bataille, non pour combattre, mais pour se faire prendre plus commodé-

ment. Et ces poissons qui naissent, qui vivent dans
les eaux salées de la mer, ne sont pas salés. Il faut
qu'on les sale quand on veut en conserver la chair
ou l'envoyer au loin ; mais c'est la mer qui fournira
le sel.

Ce qu'est l'Océan pour toute la terre, un immense
vivier où Dieu tient en réserve d'inépuisables aliments pour tous les peuples, les lacs, les fleuves,
les rivières le sont pour chaque royaume, chaque
province, chaque canton. On y pêche tous les ans,
on y pêche toute l'année, et toujours les poissons
réalisent à nos yeux cette bénédiction que Dieu leur
a donnée dans l'origine : Croissez, multipliez-vous,
et remplissez les eaux. Toujours les eaux se remplissent de poissons d'abord imperceptibles, mais qui
croissent comme à vue d'œil et qui se multiplient bientôt à leur tour. Une seule carpe échappée au filet des
pêcheurs suffit pour repeupler toute une rivière avec
ses trois cents milliers d'œufs. Qui ne bénirait le
Créateur à la vue de tant de merveilles ! Que d'inex-
plicables variétés dans le peu que nous connaissons
de ses œuvres vivantes ! Ici les tortues, les écrevisses,
les coquilles, les huîtres, qui ont les os en dehors et
la chair en dedans ; là les poissons de toute espèce,
qui ont les os en dedans et la chair en dehors, mais
recouverte d'une peau qui n'est elle-même qu'un
toit d'écailles. Ceux-là cheminent lentement avec
leur maison de pierre ; ceux-ci s'élancent comme
un trait, se bercent mollement, s'élèvent, descen-
dent à leur volonté. Pour fendre plus facilement les

ondes, Dieu leur donne un corps effilé, aplati sur les
côtés et aiguisé par la tête. Des rames naturelles ou
des nageoires, placées sous la poitrine et sous le
ventre, à la queue et sur le dos, les dirigent dans
tous les sens. Ils ont un organe plus curieux encore,
c'est une vessie d'air qu'ils dilatent et compriment à
leur gré. La compriment-ils, devenus plus pesants
ils enfoncent ; la dilatent-ils, devenus plus légers ils
remontent. Quoique toujours dans l'eau, ils respi-
rent cependant l'air comme nous, mais non autant
que nous. Ils en trouvent assez dans l'eau qu'ils
avalent par la bouche et chassent par les ouïes ; les
branchies, au passage, en extraient les particules
aériennes, à peu près comme nos poumons décom-
posent l'air atmosphérique, et en emploient une partie à purifier le sang. Enfin chaque espèce de poisson a reçu une arme ou du moins quelque industrie
pour se défendre au besoin : la baleine, sa queue
meurtrière ; l'espadon, son épée à scie ; la licorne
de mer, sa corne en spirale, le hérisson, la perche,
leurs piquants ; la pourpre, sa tarière, qui perce les
coquilles les plus dures ; la sèche, une bouteille
d'encre pour se dérober à la vue. Le dauphin lance
aux yeux de son adversaire un violent jet d'eau pour
l'étourdir ; la torpille engourdit la main qui veut la
saisir ; tel autre, sur le point de devenir la proie de
ses nombreux ennemis, s'envole dans l'air au moyen
de larges membranes qui lui servent d'ailes, et
avec lesquelles il s'y soutient tant qu'elles demeurent
humides. Quant aux poissons qui ont le moins d'in-

dustrie pour se défendre, ils ont en récompense la
plus grande fécondité pour se propager, tandis que
ceux qui par leur grosseur, leur voracité, leurs

La torpille marbrée.

armes, sont les plus redoutables, ne multiplient, en
comparaison, que très peu. La baleine ne produit
par an qu'un seul petit, tout au plus deux; le hareng, des milliers C'est ainsi que Dieu, et dans la

mer orageuse où s'agitent les poissons, et dans cette
autre mer orageuse où s'agitent les hommes, fait
également sortir l'ordre du désordre, la paix de la
guerre, l'harmonie éternelle des révolutions tempo-
raires.

Le poisson volant qui s'élance dans les airs nous
y fait apercevoir un nouveau monde, de nouveaux
êtres, de nouvelles formes, une nouvelle décoration :
le monde des oiseaux. Les écailles sont remplacées
par des plumes, un bec prend la place des dents;
aux nageoires succèdent des ailes et des pieds; des
poumons intérieurs et d'une autre structure font disparaître les ouïes : le silence qui régnait jusqu'alors
dans la nature est banni, et dans plusieurs espèces
remplacé par les chants les plus mélodieux.

Il en est de ces nouveaux êtres, tels que le cygne,
l'oie, le canard, qu'on voit à peine quitter l'humide
élément où la voix du Créateur les a fait naître.
Tranquilles au milieu des orages, ils luttent contre
les vents, se jouent avec les vagues, sans redouter de naufrages. Navigateurs-nés, leur corps est
bombé comme la carène d'un vaisseau; le cou, qui
s'élève sur une poitrine saillante, en est comme la
proue; leur queue courte et ramassée en pinceau
semble être un gouvernail; leurs pieds palmés sont
de vraies rames; enfin le duvet fin, épais et verni
d'huile, qui revêt tout leur corps, est une sorte de
goudron naturel, qui les défend contre l'impression
de l'eau. Au milieu de cet élément si agité, leur vie
est paisible, ils s'y jouent, s'y débattent, y plon-

gent et reparaissent avec des mouvements toujours
agréables; ils y rencontrent leur subsistance plus

Cygne à tête et cou noirs.

qu'ils ne la cherchent : aussi leurs mœurs sont-
elles en général innocentes et leurs habitudes paci-
fiques. Ils attendent l'homme pour lui donner leur

duvet et leurs plumes, et même pour accourir à sa voix.

Un peu plus loin sur le rivage apparaissent d'autres oiseaux, au corps élancé, au long cou; leurs pieds, haut montés, sont privés de membranes : aussi ne nagent-ils point, mais ils marchent dans les marais et les eaux profondes. Leur bec s'allonge et s'effile pour fouiller dans le limon vaseux et y chercher la pâture qui leur convient, des poissons, des reptiles, des insectes. La cigogne est de ce nombre. Voyant les soins vigilants que cet oiseau rend à ses petits, on s'est plu à lui prêter même des vertus morales. C'est ainsi que les anciens l'avaient surnommée *la pieuse,* à cause, disaient-ils, de sa piété filiale envers ses parents. Sont-ils vieux, ajoutent-ils, elle les nourrit et les réchauffe avec la même tendresse que ses petits, les soulève dans leur défaillance, et leur aide à voler avec ses ailes pour goûter encore quelques plaisirs d'un âge meilleur[1]. Quoi qu'il en soit, il est rare de voir rapprochés plusieurs nids de cigognes. Cet oiseau semble même préférer vivre un peu à l'écart de ses semblables; et, dans l'Alsace, il n'y a guère qu'un seul nid par village. Quand, l'année qui a suivi l'éclosion, les petits reviennent à leur berceau, les parents les en éloignent avec grand soin. Mais ce qui est certain c'est la grande sollicitude qu'ils témoignent pour leur couvée.

[1] S. Ambr., in *Hexaem.,* 6, 5; c. 16.

Ailleurs la poule domestique nous avertit qu'elle vient de payer d'un œuf frais notre hospitalité. L'hirondelle, sauvage et familière tout ensemble, suspend avec confiance sa maison au-dessus de nos foyers. Au jardin, le pinson, le chardonneret, le bouvreuil, nous réjouissent par la vue de leur plumage et par leur chant. Allons-nous à la campagne, la linotte et la fauvette nous saluent du milieu des buissons ; l'alouette champêtre s'élève joyeuse au-dessus de nos têtes, et semble nous inviter par sa ravissante mélodie à nous élever avec elle jusqu'aux cieux. Au voisin bocage, le rossignol solitaire fait retentir de sa voix les échos d'alentour ; s'aperçoit-il que nous prêtons l'oreille, il paraît s'animer davantage ; il compose et exécute sur tous les tons ; va du sérieux au badin, d'un chant simple au gazouillement le plus capricieux, des cadences et des roulements les plus légers à des soupirs tendres, languissants et lamentables, qu'il abandonne ensuite pour revenir à sa gaieté naturelle. Dans notre admiration, nous supposons à ce chantre de la nature une taille gracieuse, un plumage brillant, un regard superbe ; mais il est d'une chétive apparence, d'une couleur fort commune et d'un regard timide. Jusque parmi les oiseaux, Dieu se plaît à départir ses dons les plus parfaits à ce qu'il a fait de plus humble.

L'aigle, roi des airs, a reçu en partage la grandeur, la force, le courage, la vue perçante, la rapidité du vol. Il pose son nid sur des rochers inaccessibles, regarde le soleil fixement, s'élève par-dessus les nues, et de là fond sur la proie qu'il découvre dans la plaine. Ses petits, nourris de sang et de carnage, sont-ils en état de voler, il les chasse de son aire et de ses alentours, et les force d'aller ailleurs conquérir un empire. Par la hardiesse de son vol et la pénétration de son regard, il est l'emblème du génie qui s'élève jusque dans le sein de Dieu pour y contempler le Verbe, la lumière et la vie; par la domination qu'il exerce dans tout son voisinage, par la facilité avec laquelle il emporte dans ses serres les oiseaux les plus pesants et même les quadrupèdes, il est l'emblème de ce peuple-roi auquel il fut donné de conquérir tous les autres. Et la voix des prophètes et la voix des peuples ont également reconnu à l'aigle ces nobles prérogatives.

Bien différente de l'aigle est la colombe, emblème d'une âme chaste, simple, douce, aimante, fidèle à Dieu : la colombe, qui ne vit que pour son époux et ses enfants, et qui sera offerte à la place de Celui qui s'offrira pour nous[1]. Lorsque Dieu aura noyé le monde dans le déluge, la colombe nous annoncera la paix ; lorsque l'Esprit de Dieu, qui vivifia les eaux dans l'origine, viendra les sanctifier dans celles du Jourdain, il descendra sous la forme d'une colombe, symbole d'innocence et d'amour.

Mais si l'esprit de grâces et de lumière a son emblème dans la colombe, les esprits de malice et de ténèbres ont aussi les leurs dans les oiseaux de nuit.

[1] S. Ambr., in *Hexaem.*, c. 5, c. 19.

Espèces de fantômes à la figure sombre, à la physionomie haineuse, au bec crochu, aux serres tranchantes, au cri sinistre, ils habitent les lieux de ruine et de désolation, et se servent du temps du sommeil pour surprendre les petits oiseaux endormis : image parlante de ces esprits méchants et haineux qui habitent ces lieux d'éternelle horreur, les âmes en ruine, et dans les moments de ténèbres surprennent celles qui ne sont pas sur leurs gardes.

Combien d'autres leçons, et sur la divine Providence et sur nos propres devoirs, les différentes espèces d'oiseaux ne nous donneraient-elles point si nous savions y faire attention ! Non seulement notre Père les nourrit, mais encore il les habille chacun d'une robe et d'une couleur différentes. Et dans cette robe, quel moelleux, quelle finesse, quelle élégance ! et dans cette couleur, quelle variété, quelle richesse ! depuis l'énorme autruche, dont les plumes ornent la tête des rois et des reines, jusqu'au charmant colibri, vrai bijou de la nature, qui vit du suc des fleurs, se baigne sur une feuille dans la rosée du matin, qui à sa mort sert de pendants d'oreilles aux femmes indiennes, et dont, en effet, le plumage demi-transparent surpasse tout l'éclat des pierres précieuses.

C'est peu que le Père céleste fasse pour eux tant de merveilles, il leur en fait faire. Car quel autre que lui leur apprend, au retour de la belle saison, à construire d'avance un berceau pour leurs enfants à naître ? à le construire avec tant d'art et de symétrie,

les uns à terre au milieu des prés et des moissons,
les autres dans le creux d'un arbre, sur les branches, dans un buisson, contre une muraille, dans

Le coiibri-ermite et son nid.

un trou de rocher; ceux-ci avec du mortier, ceux-là
avec des branches d'arbres, d'autres avec des brins
d'herbe, de la mousse, du crin, de la laine, des
plumes, tels que les petits oiseaux? Qui leur dit

qu'ils auront des œufs, qu'il faudra rester dessus tel nombre de jours pour les animer d'une chaleur vitale? Qui leur dit qu'au bout de ce temps il doit en éclore des petits? Qui inspire à leur mère la tendresse pour les soigner, le courage pour les défendre avant et après leur naissance? Qui donne alors à la craintive fauvette le courage d'attaquer l'homme même? N'est-ce pas Celui qui l'a faite, Celui qui disait à son peuple : « Si en marchant dans un chemin vous trouvez sur un arbre ou à terre le nid d'un oiseau et la mère couvant ses petits ou ses œufs, vous ne retiendrez pas la mère avec les enfants, vous laisserez aller la mère afin qu'il vous arrive bonheur, et que vous viviez longtemps[1]? »

Qui n'admirerait alors dans les oiseaux les prodiges de la tendresse maternelle, les soins qu'ils se donnent pour trouver et apprêter convenablement la nourriture à leurs petits, leur dévouement, leur industrie pour les sauver dans le péril? La poule, d'un naturel si gourmand, ne garde plus rien pour elle ; tout est pour ses poussins. Pendant qu'ils mangent, elle veille à leur sûreté. Sont-ils repus, elle les rassemble et les réchauffe sous ses ailes. Belle image de tendresse sous laquelle le Sauveur se représente lui-même : « Jérusalem, Jérusalem, combien de fois j'ai voulu rassembler tes enfants comme une poule rassemble ses poussins sous ses ailes[2] ! »

[1] Deut., xxii, 6 et 7.
[2] S. Matth., xxiii, 37.

Autre merveille. Il y a des oiseaux qui restent toujours avec nous ; il y en a quelques-uns, tels que les bécasses, qui nous quittent au printemps, pour revenir avec les frimas : mais le plus grand nombre nous quitte à l'automne, pour revenir au printemps. Les cailles s'en vont en Afrique et en Asie, où elles nourrirent un jour le peuple de Dieu ; les hirondelles, au Sénégal. Qui donc leur apprend qu'il est ailleurs des pays plus doux ? Quelle géographie leur enseigne la route ? Qui leur a commandé de se réunir en troupes et de partir tous au même signal ? Qui a enfin donné aux grues cet admirable instinct pour leur conservation, qui mériterait de servir de modèle aux sociétés des hommes.

« Chez elles, dit saint Ambroise de Milan, il y a une certaine police et milice naturelle ; chez nous elle est forcée et servile. Avec quelle exactitude volontaire et non commandée les grues montent la garde la nuit ! Vous y voyez disposées des sentinelles, et tandis que leurs compagnes reposent, d'autres font la ronde et explorent si on ne tend pas quelques embûches : chacune s'emploie avec un soin infatigable à la sûreté commune. Son heure de veiller est-elle accomplie, a-t-elle fait son devoir, elle se dispose au sommeil après avoir donné un signal pour réveiller une autre qui dort, et à qui elle remet son poste. Cette autre l'occupe aussitôt volontairement ; la douceur du sommeil qu'il lui faut interrompre ne la rend ni revêche ni parésseuse ; elle remplit dignement son devoir, et le service

qu'elle a reçu, elle le rend avec une exactitude et
une affection égales. Là, nulle désertion, parce que
le dévouement est naturel ; la garde y est sûre,
parce que la volonté est libre. Elles observent le
même ordre en volant, et allègent tout le travail par
le moyen que chacune se charge de la conduite à
son tour. Une d'elles est en avant pour fendre l'air,
à la tête d'un bataillon qui suit en triangle : a-t-elle
fait son temps, elle se retire à la queue et laisse à la
suivante la charge de conduire la troupe. Le travail et l'honneur sont communs à tous ; la puissance
n'est pas un privilège que s'arroge le petit nombre ;
mais, par une espèce de sort volontaire, elle passe
successivement à tous. Quoi de plus beau ? C'est là
le type d'une république primitive et le modèle d'une
cité libre. Tel fut le gouvernement que les hommes
reçurent de la nature à l'exemple des oiseaux, et
qu'ils pratiquèrent dans l'origine : le travail était
commun, commune était la dignité ; chacun ap-
prenait à partager à son tour les soins, l'obéis-
sance et le commandement. C'était l'état parfait des
choses[1]. »

Mais pendant que nous admirons l'industrie et le
gouvernement des oiseaux voyageurs, j'entends une
autre espèce de volatiles, une nuée d'insectes, un
essaim d'abeilles bourdonner autour de moi, comme
pour réclamer la prééminence du gouvernement et
de l'industrie. En effet, il serait difficile de ne pas

[1] S. Ambr., in *Hexaem.*, l. v, 15.

la leur accorder. Leur gouvernement est une monarchie tempérée, distinguée en trois ordres : une reine

1. Poliste française (gr. nat.).
2. Guêpe commune (gr. nat.).
3. Bourdon terrestre (gr. nat.).
4. Abeille ouvrière (gr. nat.).
5. Abeille mâle (gr. nat.).
6. Abeille femelle ou *Reine* (gr. nat.).

unique mère de tout son peuple, des ouvrières au
nombre de douze à quarante mille, et quelques

mâles. L'essaim est-il entré dans une ruche ou dans
un creux d'arbre, aussitôt les ouvrières en nettoient
l'intérieur et l'enduisent d'une espèce de gomme ;
puis transformant en cire le miel qu'elles ont cueilli
sur les fleurs, et le transpirant par petites lames
entre les anneaux de leur ventre, elles en bâtissent
des cellules à six pans. C'est là que les œufs pondus
par la reine régnante se transforment successivement en vers, en nymphes, en abeilles. Les ouvrières, devenues aussitôt nourrices, portent tous
leurs soins sur ces œufs, nourrissent les vers avec
du miel et de la poussière de fleurs que d'autres leur
apportent des champs dans des espèces de cuillers
qu'elles ont à leurs pattes postérieures.

S'il se trouve néanmoins dans la même ruche
deux reines à la fois, il y a révolution dans l'État.
Pour y mettre fin, les deux rivales se cherchent et
se combattent devant la nation assemblée, jusqu'à
ce que l'une des deux succombe. Il se pourrait que
dans ce duel elles se donnassent en même temps la
mort l'une à l'autre. La Providence y a pourvu. Se
sont-elles saisies de manière à se percer réciproque-
ment, tout à coup elles se quittent et s'enfuient chacune de son côté ; mais bientôt elles reviennent au
combat ; le peuple même les y ramène de force, jusqu'à ce que l'une des deux ait triomphé de l'autre.

Voilà des merveilles bien étonnantes, d'autant
plus étonnantes, qu'on les a plus longtemps igno-
rées ; d'autant plus étonnantes, qu'elles ont été découvertes de nos jours par un observateur aveugle,

2*

François Hubert. Combien d'autres merveilles que nous continuons d'ignorer !

Dieu apparaît d'autant plus grand, dit saint Cyrille de Jérusalem, qu'on connaît mieux les créatures[1]; aussi le plus sage des rois, Salomon, reçut-il cette connaissance d'en haut avec la divine sagesse. Lors donc que, dans la jeunesse surtout, la même sagesse, la même Providence, nous offre les moyens de recevoir les mêmes instructions, gardons-nous d'une coupable indifférence ou paresse.

Imitons le fils de David : comme lui, préférons les leçons de cette sagesse divine aux royaumes et aux trônes; amassons dans la saison favorable ces trésors de science qui non seulement embelliront notre vie sur la terre, mais peuvent encore rehausser notre gloire dans le ciel. Les insectes mêmes nous donnent l'exemple. « Va vers la fourmi, dit Salomon au paresseux ; considère ses voies, et deviens sage. Elle n'a ni chef, ni modérateur, ni maître; cependant elle prépare dans l'été son pain, et rassemble dans la moisson sa nourriture[2]. »

En effet, les fourmis n'ont ni roi, ni reine, ni commandant; toutefois elles se réunissent en société, bâtissent des espèces de villes et travaillent en commun le jour. Elles constituent de véritables républiques où tout est mis en commun, propriétés, familles, nourriture et bestiaux[3].

[1] Catéch., 9.
[2] Prov., vi, 6.
[3] Duméril, 8, 7, 3.

Qu'est-ce donc que Dieu pour prodiguer ainsi les
merveilles de toutes parts ! Il n'y a pas jusqu'aux
insectes les plus repoussants, aux chenilles, qui ne
nous en offrent de plus étonnantes. Elles multiplient
prodigieusement tous les ans, parce que tous les
ans elles doivent servir de pâture à une multitude
prodigieuse d'oiseaux. Elles multiplient quelquefois
à l'excès, pour nous châtier et nous humilier de
notre peu de reconnaissance envers leur Créateur et
le nôtre. Leur aspect seul nous répugne. Cependant
c'est à une chenille, et à une chenille des moins
agréables par sa forme et sa couleur, que nous devons la soie, et par suite les étoffes les plus précieuses, les plus riches ornements pour les palais
des rois et pour les temples de Dieu. Qui nous a dit
que celles de nos jardins ne puissent donner lieu à
quelque chose de pareil? Comme la chenille qui nous
file la soie, ce sont des vers éclos d'un œuf pondu
par un papillon. Après avoir rampé quelque temps
et brouté l'herbe, elles se disposent, en quelque
sorte, à une autre existence. Pour cela les unes se
filent des coques, d'autres se cachent sous terre dans
de petites cellules bien maçonnées ; les unes se suspendent par leur extrémité postérieure, d'autres se
lient par une ceinture qui leur embrasse le corps.
Dans cette espèce de sépulcre, elles se défont de leurs
peaux, de leurs jambes, de l'enveloppe extérieure
de leur tête, de leur crâne, de leurs mâchoires, de
leur outil à filer, de leur estomac et d'une partie de
leurs poumons. C'est un vrai trépas ou passage d'une

existence à une autre. Dans ce nouvel état on les
nomme fèves, parce qu'elles en ont la forme ; chry-
salides ou aurélies, parce que souvent, surtout chez
les papillons diurnes, leur enveloppe a la couleur
de l'or ; nymphes enfin ou jeunes mariées, parce
que dans cette enveloppe elles prennent de plus
beaux atours et la dernière forme sous laquelle elles
doivent paraître. Bientôt vous verrez la rampante,
l'aveugle, la maussade chenille sortir de son tombeau transformée en léger papillon paré des plus
vives couleurs, ayant des yeux et des ailes, aper-
cevant au loin les fleurs de la prairie, volant de
l'une à l'autre pour en sucer le miel et la rosée, et
ne vivant, pour ainsi dire, que de plaisir et de
bonheur.

Admirable image de ce que sera le trépas du
juste. Après avoir vécu sur la terre sujet à l'erreur
et aux passions, il se recueille et se prépare à son
dernier passage. Son corps descend dans la tombe ;
il y descend comme une masse inerte, grossière,
prête à se corrompre. Mais un jour il en sortira im-
mortel, incorruptible, glorieux, agile, spirituel
même. Le nouvel homme s'élèvera par-dessus les
mondes, il prendra son essor jusque dans les cieux,
et y jouira d'éternelles délices[1].

[1] *Hist. univ. de l'Église,* par Rohrbacher.

PROMENADES

D'UN

NATURALISTE

————◦❈◦————

CHAPITRE I

L'auteur à ses enfants.

Mes chers enfants,

Nous nous sommes souvent entretenus ensemble
de sujets d'histoire naturelle, et mon désir, comme
vous le savez, a toujours été que vous en fissiez
votre étude favorite. En conséquence, j'ai consacré
quelques journées de cet hiver à mettre en ordre
des observations, faites par moi-même ou recueillies
par d'autres sur le règne animal. Cette étude, si
intéressante en elle-même, et qui réveille en nous les
plus doux et les plus nobles sentiments, ne saurait
manquer d'élever notre cœur et notre esprit vers ce

Dieu qui, dans des vues toujours sages et bonnes, a créé tout être vivant. Plus nous examinons attentivement les mœurs, les habitudes et toute l'économie sociale des animaux, surtout des oiseaux et des insectes qui nous entourent, plus nous trouvons sujet d'admirer, dans l'ordre et l'harmonie qui y règnent, la merveilleuse sagesse qui a présidé à l'organisation de l'espèce la plus insignifiante en apparence : nous y voyons clairement que les choses les plus minutieuses dans la nature concourent chacune à un but particulier, et que le Tout-Puissant se fait reconnaître d'une manière aussi évidente dans la formation de l'aile du moucheron que dans celle de l'astre brillant qui nous éclaire. Derham, dans son ouvrage à la fois si instructif et si captivant intitulé *Théologie naturelle,* s'exprime ainsi sur ce sujet : « C'est une chose merveilleuse lorsqu'on considère avec quel art, quel soin et quelle délicatesse se trouvent formés les articulations, les muscles et les nerfs qui correspondent aux différents mouvements des ailes, des pattes et de chaque partie du corps; tous les organes sont admirablement adaptés à leurs fonctions respectives, jusque dans l'atome ou l'animalcule imperceptible, dont l'organisation est aussi complexe que celle de l'animal le plus grand. A l'aide du microscope, nous y découvrons des yeux, une bouche, un estomac, des entrailles et tout ce qui compose un corps animal ; chaque partie est munie de son appareil respectif de muscles, comme chez les animaux supérieurs ; le tout est recouvert et protégé par un réseau parfait garni de poils et curieusement orné. »

L'observateur attentif d'un travail si admirable de perfection ne pourrait s'empêcher d'y reconnaître la main toute-puissante et habile du Créateur de l'univers, dont la moindre des œuvres est dirigée vers un but utile. Cette conviction une fois établie, avec quel plaisir ne parcourez-vous pas le vaste champ de la nature, poursuivant des études et des recherches qui vous procureront chaque jour de nouvelles jouissances, en même temps qu'elles seront un tribut de louanges au divin ouvrier qui se fait reconnaître dans chacun de ses ouvrages !

En contractant l'heureuse habitude de l'observation, vous remarquerez tout ce qui se présentera à vos regards ; vos promenades solitaires à la campagne acquerront un intérêt tout nouveau. Une personne indifférente passera son chemin, les yeux fermés, pour ainsi dire, tandis que le véritable amateur de la nature se trouve arrêté par mille objets variés qui sollicitent son attention et piquent sa curiosité.

Nous devons à des remarques ainsi journellement rédigées un des plus délicieux ouvrages que possède la langue anglaise : l'*Histoire naturelle de Selborne,* par le Rév. G. White. Soit qu'on l'envisage sous le rapport du style, soit au point de vue de la variété des anecdotes, ce livre plaira toujours à quiconque est vivement épris des beautés de la nature. Puissé-je réussir par ce petit travail à exciter en

vous ces goûts qui amènent à leur suite et la vigueur
du corps, et le calme de l'esprit, et qui m'ont fait
passer des moments que je ne voudrais pas échan-
ger contre toutes les jouissances factices du monde.
C'est dans cet espoir que je l'ai entrepris, et que je
vous le dédie, mes chers enfants, avec toute l'effu-
sion d'un père et d'un ami.

Nulle étude peut-être n'est plus attachante que
celle qui s'efforce de suivre pas à pas et de saisir
les admirables dispositions établies par Dieu dans
toutes les parties de la création : il existe entre
toutes choses un enchaînement merveilleux. L'esprit ne saurait aborder ce sujet sans être vivement
frappé de l'infinie sagesse qui reluit dans les rapports qui unissent les créatures les unes aux autres.
Tout paraît tendre à un but unique : la conservation
de l'espèce. La mort n'est, pour ainsi dire, qu'apparente : la destruction n'est pas réelle. C'est la substitution d'une espèce à une autre espèce, ou bien
une simple altération passagère qui sert à entretenir
et même à communiquer la vie. Tel est un des faits
les plus intéressants dans l'économie de la nature.
Pour des yeux clairvoyants, rien n'est plus digne
d'admiration que ce perpétuel mouvement dans la
matière. Un animal tombe et meurt; les organes
qui constituaient son corps entrent en décomposition : n'allez pas croire que les éléments qui s'y
trouvaient deviennent inutiles; des myriades d'insectes, avertis par un instinct que nous avons peine
à expliquer, se précipitent sur la victime. Ces in-

nombrables petits animaux achèvent promptement
ce que les deux principaux agents chimiques, la
fermentation et la dissolution, avaient commencé.
Bientôt il ne reste plus que les parties les plus solides du cadavre, les ossements, les poils et les tendons. Attendons encore quelques jours, et de nouvelles légions d'insectes rendront à la nature les
matières qu'elle réclame : Providence admirable! il
existe des insectes qui se nourrissent exclusivement
des poils, des tendons, des plumes et des substances
les plus dures : ce sont les *dermestes,* les *ptines,* les
nitidules, les *anthrènes.* Ces insectes remplissent la
fonction que le Créateur leur a confiée, avec une
fidélité et une persévérance qui désespèrent quelquefois les naturalistes occupés de collections et les
amateurs de fourrures. Ainsi, après quelques jours,
tous les matériaux qui entraient dans la composition
du cadavre ont complètement disparu. Que sont-ils
devenus? Ils sont rentrés dans l'immense labora-
toire de la nature pour servir à de nouvelles combinaisons. La vie végétale et la vie animale leur
emprunteront tour à tour le principe de leur accroissement et de leur multiplication.

Les pétales parfumés de la rose, l'aile de l'insecte
éblouissante d'or et d'azur, toutes les productions
du règne végétal et du règne animal, et les différents composés du sol, ne sont que le résultat des
changements continuels de la matière organique.
Depuis le premier instant de la création jusqu'au
moment actuel, cette matière circule, pour ainsi

dire, dans des canaux mystérieux et innombrables, sans que la moindre parcelle en soit jamais perdue. Pour nous qui sommes pénétrés de cette grande vérité, que toutes ces combinaisons ne sont l'effet ni du hasard, ni du concours fortuit des atomes, mais l'acte prémédité de l'Intelligence suprême, quel sujet éminemment propre à exciter notre foi et notre admiration!

La nature est un grand économe, j'en acquiers l'expérience tous les jours. La *farine* ou *pollen* des fleurs, la feuille qui tombe, l'écorce desséchée de l'arbre, doivent encore servir à un but utile. Le brin de jonc tombé au fond de l'eau devient la demeure d'un insecte, et la toile délaissée de l'araignée fournit à nos charmants chansonniers du printemps des matériaux pour leurs constructions aériennes.

J'étais enchanté l'autre jour d'une observation que me fit un honnête et simple jardinier. « Il est impossible, disait-il, de se livrer à l'étude des plantes, et de rester athée, surtout en remarquant leur merveilleuse appropriation aux différents climats où elles se trouvent. » Il m'a montré la *plante à urne, nepanthes distillatoria,* qui ne fleurit que dans les pays de la zone torride, et qui présente à l'extrémité de ses feuilles une petite urne à couvercle remplie d'eau servant de réservoir aux oiseaux qui viennent s'y désaltérer dans les ardeurs du soleil. La famille des cactus croît dans les sables brûlants, et fournit à la fois la nourriture et le breuvage. Le melon d'eau se trouve au milieu des déserts arides de l'Afrique.

L'homme, comme l'animal, trouve ses aliments et sa boisson de la manière la plus convenable au climat qu'il est destiné à habiter sur ce globe.

C'est en poursuivant le cours de mes observations sur des sujets de ce genre que je suis parvenu à apprécier de plus en plus tout ce qu'une vie passée à la campagne renferme de charmes, et à tirer mes jouissances des scènes et des objets qui s'offrent journellement à mes regards. L'âme pieuse et méditative se sent entraînée irrésistiblement vers Dieu au milieu des beautés de ce monde physique, qui souvent sont des emblèmes touchants d'un ordre plus élevé. Aussi l'écrivain inspiré emprunte-t-il ses images les plus frappantes à la nature et à la vie champêtre. L'homme juste est comparé à un arbre planté le long des eaux, qui donne ses fruits dans la saison convenable, et qui ne craint pas le temps de la sécheresse. Les chants du roi-prophète sont remplis d'allusions poétiques aux scènes de la création. Le Sauveur lui-même, en nous invitant à « considérer le lis des champs, déclare que Salomon dans toute sa gloire n'était pas vêtu comme l'un d'eux ».

CHAPITRE II

Soin de la Providence pour la conservation
de ses créatures.

J'ai souvent observé avec un vif intérêt le soin
que prend une tendre Providence pour la conservation de ses créatures. Ne faut-il pas croire que la
même puissance avait ses vues en accordant à quelques-unes une beauté et un éclat de couleurs supérieurs aux autres? Cette vérité se fait sentir surtout
dans la classe des oiseaux. Les mâles sont revêtus
d'un plumage brillant, tandis que les femelles se
distinguent par leur couleur modeste d'un brun
foncé. Faut-il donc assigner à celles-ci un rang infé-
rieur en les voyant reléguées si bas sur l'échelle de
la beauté? Non certes; lorsque le mâle nous apparaît avec son plumage riche et varié, s'ébattant
joyeusement aux rayons du soleil, n'oublions pas
que sur sa compagne reposent les doux soins de
l'amour et de l'affection maternelle. Elle couve, elle

nourrit, elle protège au péril de sa propre vie ses petits, impuissants à se défendre. On verra que ce qui semble l'abaisser à nos yeux est, au contraire, une preuve de protection particulière. Son peu d'attraits extérieurs est sa principale sauvegarde, et son humble parure la soustrait à mille périls.

Si les femelles des oiseaux, pendant leur couvée, étaient exposées à la vue de l'homme et des oiseaux de proie, et se distinguaient comme les mâles par des couleurs éclatantes, elles seraient bientôt découvertes et détruites, tandis qu'elles échappent à l'observation précisément parce que leur plumage est de la même nuance que celle de la terre près de laquelle elles font leurs nids. Le faisan, le paon, la race des canards, nous en offrent des exemples, de même que les bergeronnettes, le pinson, etc. Au contraire, le plumage des oiseaux mâles, comme des femelles du faucon, du cygne, du hibou, du corbeau et autres, ne varie point, parce que la nature les a doués de la force nécessaire pour se défendre.

Les oiseaux qui deviennent la proie ordinaire des autres, tels que la perdrix grise et l'alouette, nous fournissent une preuve frappante de ce que j'avance. On peut à peine les distinguer de la terre sur laquelle elles s'accroupissent instinctivement au moment où un émerillon maraudeur vient planer au-dessus d'elles. Notre pigeon domestique et le pigeon ramier deviendraient facilement sa victime si leur salut ne se trouvait dans la force prodigieuse de leurs ailes, qui leur fait gagner la course dans cette lutte aérienne; tandis que les hirondelles, se confiant dans l'agilité prodigieuse de leurs mouvements, insultent à leur ennemi et font une véritable émeute autour de lui. Nos chansonniers, le rossignol, le rouge-gorge, la fauvette, le roitelet, échappent à son œil pénétrant en se cachant dans le fourré épais des haies et des buissons; la caille et le râle de genêt quittent à peine alors l'herbe longue et le blé en épis. On serait presque tenté de supposer, d'après cette merveilleuse économie établie pour la conservation des oiseaux faibles, que l'émerillon se trouverait dans l'impossibilité de se procurer sa nourriture; mais lorsqu'on examine l'exquise symétrie de ses formes, la beauté et le brillant de son œil, la rapidité de son vol, on se convaincra que toutes ses victimes ne peuvent pas lui échapper. Cet oiseau de proie plane majestueusement au-dessus des bruyères et des terres marécageuses, et de là tombe sur les petits des lièvres et des lapins, voire même sur les gre-nouilles et les lézards. Il reste dans l'air un temps considérable, attendant que quelque circonstance fasse déguerpir de sa retraite un petit oiseau, sur lequel il se précipite, et qu'il parvient souvent à saisir.

Le kanguroo habite un pays de plaines immenses, couvertes d'une herbe forte et touffue, qui a souvent plus d'un mètre de hauteur. Par la grande force de leur longue queue et de leurs pattes de derrière, ces animaux peuvent faire des bonds successifs de quatre à six mètres de haut en sautant d'un buis-

son à un autre, et échapper ainsi à la poursuite de
leurs ennemis. En outre, leurs petits s'égareraient
ou se perdraient au milieu d'un pays fourré où la
végétation déploie une vigueur extraordinaire, si la
nature n'avait pas fourni à la mère une espèce de
poche abdominale qui sert de retraite à ses petits,
et dans laquelle elle les emporte à la moindre
alarme.

La race des coucous serait bientôt éteinte si ces
oiseaux bâtissaient des nids et couvaient leurs œufs
comme font les autres espèces. Leur cri si particulier attirerait à eux chaque enfant du voisinage,
et nous serions privés de ces sons qu'on n'entend
jamais dans nos campagnes sans plaisir, parce
qu'ils sont les avant-coureurs du printemps et de
la belle saison. Admirons aussi l'instinct qui enseigne au coucou à déposer son œuf dans le nid
d'un oiseau plus petit que lui. On a prétendu que
la femelle du coucou, avant de pondre dans le nid
étranger l'œuf unique qu'elle doit y laisser, a la
coutume de dévorer tous les autres œufs qui s'y
rencontrent. Ceci n'a jamais été bien prouvé. On a
pu confondre le mâle, qui fait, en effet, ses délices
de ces petits œufs, avec la femelle. Mais si cette
assertion est véritable, combien ne doit-on pas admirer la prévoyance infinie de la Providence, qui
inspire à la mère, pour sauver sa progéniture, de
la confier à des soins étrangers, à de petits oiseaux
dont elle n'aura rien à craindre, qui veilleront sur
elle, lui donneront la pâture et la défendront au

besoin! A l'abri de la voracité du mâle, le jeune
coucou grandira et prendra des forces, sans avoir
rien à redouter ni de la turbulence ni des jeux de
ses petits frères; car sa faiblesse est telle dans les
premiers mois de sa vie, qu'il deviendrait facilement la victime de ceux avec qui il a grandi.

CHAPITRE III

La raison et l'instinct chez les animaux.

J'espère toujours reconnaître avec autant de respect que de reconnaissance le don inestimable fait par Dieu à l'homme, sa créature favorite, en lui accordant la faculté si étonnante de la raison.

Admettre, suivant les paradoxes de certains philosophes, que les animaux ont quelque part à ce bienfait, serait assurément dégrader la dignité de l'homme. Tous ceux qui cultivent l'histoire naturelle ont acquis la conviction, par des observations nombreuses, qu'il existe une distance infinie entre l'intelligence humaine, la raison, et l'instinct des animaux, quelque merveilleux que semblent les actes produits et dirigés par cet instinct. La raison est une lumière divine accordée à l'homme qui la possède dans sa plénitude; l'instinct est donné aux animaux par Dieu, il est vrai, mais on ne saurait établir la

3

moindre comparaison entre deux facultés essentiellement distinctes.

Malgré notre réserve, nous admettons toutefois qu'on remarque dans l'histoire de plusieurs animaux, comme l'éléphant, le chien, le castor, des traits qui semblent provenir de l'exercice d'une faculté supérieure à un instinct aveugle. Sans nul doute l'éducation perfectionne les qualités naturelles des bêtes : nous voyons encore parfois des actions extraordinaires qui semblent indiquer de la réflexion. Quelque singuliers que soient les faits que l'on raconte, ils ne s'élèvent pas certainement jusqu'au domaine de la raison. Qui connaît les limites auxquelles s'arrête l'instinct des diverses races?

Nous allons raconter à ce sujet quelques traits fort intéressants.

Je m'amusais un jour à faire manger le pauvre éléphant d'Exeter-Change à Londres. Une pomme de terre ronde que je lui présentai roula sur le plancher, trop loin pour qu'il pût l'atteindre. Il s'appuya contre les barreaux de sa loge, allongea sa trompe et parvint à toucher la pomme de terre, mais sans pouvoir la ramasser. Après plusieurs efforts infructueux, il s'avisa de souffler dessus fortement, de manière qu'elle allât frapper contre le mur opposé et revînt ensuite rebondir de son côté, où il s'en empara sans difficulté. Comment l'instinct seul a-t-il appris à l'éléphant à se servir d'un pareil moyen pour arriver à son but? Sa trompe lui sert de main, et à l'aide du bon sens et de la docilité dont cet animal est éminemment doué, cet organe le met à même d'accomplir des choses que l'homme dans un état d'ignorance et de barbarie n'eût point essayées. On raconte que dans l'Inde un éléphant employé comme

Éléphant labourant.

bête de transport dans une expédition militaire, voyant son cornac, qu'il aimait beaucoup, tomber sous le feu de l'ennemi, au moment où, dernier survivant d'une batterie, il allait mettre le feu à une

pièce de canon, plaça son maître entre ses jambes,
comme pour le défendre. Saisissant ensuite le porte-
mèche qui était resté à terre et était encore allumé,
il l'approcha de la pièce d'artillerie, et y mit le feu.

Les castors ne sont pas seulement des modèles en
fait d'industrie, la manière dont ils opèrent en con-
struisant leurs écluses ou digues dépasse tout ce
qu'un instinct ordinaire a pu leur apprendre, et
prouve qu'ils possèdent des facultés étonnantes. Lorsqu'ils veulent abattre un arbre, ils commencent par
le ronger tout autour, en faisant de plus fortes inci-
sions à un côté pour déterminer la direction qu'il
doit prendre dans sa chute. C'est ainsi qu'ils sépa-
rent des troncs qui ont de trente à trente-trois centimètres de diamètre. Les castors qui construisent
leurs caves au milieu des rivières ou de petites cri-
ques se servent d'un admirable expédient pour empêcher l'écoulement des eaux dont les sources ont
été taries par les fortes gelées : ils établissent une
digue qui s'étend d'une rive à l'autre. Ces animaux
s'assistent mutuellement dans leurs travaux, et paraissent avoir un langage par le moyen duquel ils
communiquent entre eux. Ils calculent avec une précision étonnante et le nombre de leurs habitations
et les approvisionnements nécessaires à l'existence
de la communauté. Cet instinct qui pousse le castor
à construire son logis toujours de la même façon, se
modifie, suivant les circonstances, comme on peut
le voir encore de nos jours, dans les rares échantil-
lons de cette race habitant les rives du Rhône, ou les

lacs de l'Europe. Ne pouvant plus former de digues,
ni d'étangs, ils vivent dans des terriers qu'il se creu-
sent dans les berges du fleuve.

Les actes qui prouvent un certain calcul chez les
animaux sont souvent très extraordinaires. J'avais

Chien de berger ralliant un troupeau. *

un chien qui m'était très dévoué. On l'attachait le
dimanche matin pour l'empêcher de m'accompagner
à l'église. Ces jours-là il avait toujours soin de se
cacher de bonne heure, et j'étais sûr de le retrouver
ou à la porte de l'église ou à l'église même, dans la
place que j'occupais.

Un chasseur accompli prêta à un de ses amis son chien favori. Cet ami avait peu de succès lorsqu'il se mettait en campagne; il pouvait tout au plus se vanter d'effrayer des perdrix, et bien rarement il se rendait coupable d'aucune mort en ce genre. Un jour, après avoir inutilement visé quelques oiseaux sur lesquels le vieux pointeur venait de tomber en arrêt, celui-ci se détourna presque avec un air de dédain, rebroussa chemin, et retourna chez lui, sans que jamais depuis on pût le décider à accompagner l'individu en question.

On cite des chiens, des chats et des brebis qui sont venus chercher de l'aide auprès de l'homme lorsque leurs petits se trouvaient en danger, et qu'ils n'avaient pas le pouvoir de les en tirer; plusieurs animaux et insectes feignent la mort à l'occasion pour échapper au péril. J'ai connu un chien qui, par ses gesticulations significatives, fit entendre à une famille que le feu était à sa maison; la même chose m'a été rapportée d'un chat.

Il est bien connu que les oiseaux qui vivent en communauté placent une sentinelle sur un arbre élevé, afin qu'elle puisse donner l'alarme en cas de danger : quelle forme de langage ou quel instinct a déterminé cet oiseau à faire le guet, dans le but de protéger ses semblables, alors qu'il se sentait probablement aussi affamé que ceux qui mangeaient en toute tranquillité près de lui ?

Un gobe-mouche (*muscicapa grisola*) avait construit son nid dans un poirier adossé au mur de

mon jardin; je m'étais arrêté deux ou trois fois
pour l'observer. Un matin, je cherche le nid sans
pouvoir le découvrir : enfin je le trouve; mais il était
complètement changé quant à l'extérieur, qu'on dis-
tinguait à peine des objets qui l'entouraient. Quelques feuilles de poirier paraissaient avoir été ame-
nées à dessein de son côté pour le soustraire à la
vue.

Des enfants avaient découvert dans une haie de
leur voisinage un nid de roitelets. Ils en firent part
à une personne qui, comme moi, aime à étudier les
habitudes et les mœurs des oiseaux. Il leur promit
une récompense à condition qu'ils ne toucheraient
pas au nid, promesse qu'ils gardèrent fidèlement,
en se permettant toutefois d'y jeter un coup d'œil à
la dérobée de temps à autre. Il revint quelque temps
après, et, en l'examinant de nouveau, il trouva que
les oiseaux avaient soigneusement bouché l'entrée
primitive, et pratiqué une autre ouverture. Il était
évident que le roitelet, offusqué par des regards
curieux, et ne voulant pas abandonner ses œufs,
avait employé cet expédient pour parer à l'inconvé-
nient qu'il éprouvait.

Les abeilles montrent une intelligence rare pour
obvier à la difficulté qu'elles éprouvent à marcher sur
la surface polie du verre qu'on place quelquefois dans
leurs ruches. J'ai l'habitude de poser dans la partie
supérieure de mes ruches de paille de petits globes
en cristal, afin qu'ils soient remplis de miel; et j'ai
constamment remarqué qu'avant d'entreprendre la

construction de leurs rayons, ces insectes déposent
à des distances régulières des gouttes de cire, qui
leur servent de marchepieds sur la surface glissante
du verre ; chaque abeille appuyait ses deux pattes
du milieu sur un de ces points, tandis que ses pattes
de devant s'accrochaient à celles de derrière de l'abeille
qui était au-dessus d'elle, et formaient ainsi une
échelle au moyen de laquelle les travailleurs attei-
gnirent le haut de la ruche et commencèrent leurs
opérations.

Le pouvoir qu'ont ces insectes de donner de l'air à
leurs ruches, et par là d'empêcher que la température trop élevée de l'atmosphère ne fasse fondre la
cire, prouve qu'ils sont guidés par quelque chose de
plus que l'instinct ; car dans leur état naturel les
abeilles ne sont pas confinées dans les ruches, ni exposées aux rayons du soleil. Dans la grande chaleur,
on peut remarquer en bas de la ruche un certain
nombre d'individus (ce nombre varie sans doute selon l'état de l'atmosphère) agitant leurs ailes avec
une telle rapidité, que le mouvement en est presque
imperceptible. Si, tandis que cette action a lieu, on
approche une chandelle de l'ouverture qui se trouve
à la partie supérieure, elle sera immédiatement
éteinte par le courant d'air produit par cette manœuvre. Cependant j'ai remarqué, lorsque la chaleur
était intense, que tous leurs efforts étaient impuissants pour maintenir la température de leur ruche à
un degré convenable, et que la cire se fondait.
Dans ce cas, il est dangereux d'en approcher de

trop près, à cause de l'extrême irritation des abeilles ; et, quoique les miennes paraissent me connaître et me traiter en ami, j'ai souffert en ces occasions de leurs piqûres, en voulant les abriter contre l'ardeur du soleil.

Maintenant, vous n'hésiterez pas, je pense, à admettre avec moi qu'il existe chez les animaux et les insectes une faculté très rapprochée de la raison. Il faut cependant bien se garder d'adopter légèrement les expressions d'*intelligence*, de *raison*, de *raisonnement*, de *pensée*, appliquées aux animaux, et même aux animaux de classes inférieures, qu'il n'est point rare de trouver, surtout dans les ouvrages modernes d'histoire naturelle, et qui donnent lieu de craindre que ce ne soit là comme un écho des doctrines matérialistes qui tendent à s'infiltrer partout. Aussi rien de plus téméraire et de plus condamnable, que ce qu'avance le docteur Darwin à ce sujet ; il dit que « si nous connaissions mieux les mœurs des insectes qui vivent en communauté, comme les abeilles, les guêpes, les fourmis, nous trouverions que, sous le rapport des arts et des progrès, elles ne restent pas stationnaires, comme nous pourrions l'imaginer ; mais qu'au contraire leurs connaissances dérivent, comme chez l'homme, de l'expérience et de la tradition, quoique le raisonnement se porte sur peu d'idées, s'occupe de moins d'objets, et s'exerce avec une énergie plus faible ». C'est, en effet, avec de semblables théories, qu'il en est arrivé, lui et ses partisans, à l'*évolution successive* des êtres ou *trans-*

3*

formisme, qui fait descendre l'homme aussi bien
que les animaux d'un même *être* primitif mal défini
et dont l'existence est encore un problème. Ma théorie, je m'empresse de le dire, n'a rien de commun
avec celle du docteur Darwin; car, en admettant la
sienne, on ne saurait assigner de bornes à l'exercice
de la raison chez les insectes; mais au moins elle
sert à établir l'existence d'un instinct supérieur chez
plusieurs animaux. Le même docteur nous en cite
un exemple remarquable; il a été lui-même témoin
oculaire du fait. Un jour qu'il se promenait dans son
jardin, il aperçut sur le sable une guêpe aux prises
avec une mouche presque aussi grande qu'elle, dont
elle venait de s'emparer. Se baissant pour les mieux
observer, il vit la guêpe séparer la tête de l'abdomen
de la mouche, et s'envoler en prenant entre ses
pattes le tronc, auquel les ailes restaient attachées.
Le vent, agissant sur les ailes de la mouche, fit
tournoyer la guêpe en tout sens et empêcha son
vol. Elle redescendit alors dans l'allée de sable,
scia avec délibération l'une après l'autre les deux
ailes qui avaient causé son embarras, et s'enfuit
avec sa proie.

Lorsqu'une guêpe se trouve prise dans la toile
d'une araignée, celle-ci semble prévoir tout le danger qu'il y aurait pour elle à s'exposer à l'aiguillon
de son ennemie; elle évite avec soin tout contact
immédiat avec elle, et elle l'entoure de ses fils de
manière que la guêpe ne puisse ni lui échapper, ni
la blesser.

On a remarqué avec justesse que toutes les œuvres dignes de l'homme se trouvent par imitation chez les animaux. Si nous voulons contempler une belle architecture, surveillons les travaux de l'abeille et d'autres insectes. Le tisserand pourrait s'instruire auprès de la toile de l'araignée. L'industrie persévérante de la fourmi nous est donnée pour modèle, non seulement par Salomon, mais aussi par les anciens poètes :

La fourmi prévoyante, avec de longs efforts,
Des moissons de Cérès enrichit ses trésors.

HORACE, *Sat.,* I, 1, trad. de Daru.

CHAPITRE IV

Continuation du chapitre précédent.

Les ruses et les stratagèmes employés par les animaux méritent notre attention; ce sont les efforts d'une nature timide et faible pour assurer sa propre conservation, et le plus généralement pour défendre l'existence des jeunes races. Il est donné à peu d'entre eux d'atteindre ce but par la seule force physique; mais toutes les créatures probablement ont la faculté de protéger leurs petits contre les périls qui les environnent, quoique les moyens qu'ils emploient pour les y soustraire nous soient souvent inconnus. La pauvre petite mésange bleue (*parus cæruleus*), qui n'a ni le bec ni les griffes assez forts pour repousser les agressions de l'ennemi le plus faible, essayera néanmoins d'intimider ses persécuteurs par des menaces. Elle construit presque invariablement son nid dans un trou de mur ou de tronc

d'arbre, et la petitesse de son corps lui permettant
de s'insinuer par les fentes les plus étroites, elle est
ordinairement à l'abri de tous ceux qui pourraient la
molester. Un enfant maraudeur veut-il la surprendre, elle réussit à l'effrayer : au moment où il intro-

La mésange.

duit un doigt dans le trou au fond duquel elle a son
nid, elle pousse une espèce de sifflement si extraordinaire, et ressemblant si peu aux notes habituelles
des oiseaux, que l'enfant retire promptement sa
main dans la crainte d'y rencontrer quelque serpent.

Rien ne manifeste d'une manière plus frappante
les soins d'une sage Providence pour la conservation

de ses créatures, que les précautions adoptées par plusieurs animaux pour se soustraire à l'observation. Que d'intelligence dans les moyens qu'ils emploient, au point de changer même l'extérieur de leur petite demeure lorsqu'ils s'aperçoivent qu'elle a été découverte ! Ceci s'applique surtout aux espèces les plus faibles qui ont besoin d'être protégées. L'aigle plane haut dans les airs, construit son nid sur le rocher, et semble défier la cruauté de l'homme, tandis que le timide roitelet, qui semblerait ahandonné à sa faiblesse, trouve cependant les ressources nécessaires à sa conservation et à celle de son espèce. Quel sujet intarissable d'admiration pour tout esprit réfléchi !

Toutefois la nature ne poursuit pas invariablement la même voie, comme on le prétend ; et l'on trouve des exceptions qui méritent d'être citées comme dérogations curieuses à la règle générale.

Une hirondelle, qui s'était installée dans le jardin d'un propriétaire du comté de Northumberland, choisit, pour y bâtir son nid, l'angle d'une remise ou hangar. Cet angle n'ayant point de rebords ou de pierres en saillie sur lesquelles elle pût appuyer sa construction, notre petit architecte avisa au moyen d'y suppléer. On la vit apporter de la terre glaise dont elle forma un rebord ou point d'appui de chaque côté du mur, et à peu de distance du coin. Elle plaça alors un morceau de bois en travers dont les deux bouts reposaient sur cette maçonnerie improvisée, et dans ce petit recoin triangulaire elle établit son nid sur des bases solides.

Une personne qui a vu elle-même le progrès du nid, et qui en parlait avec admiration, garantit l'exactitude de ces détails.

Fauvette couturière et son nid.

Une fauvette (*silvia hortensis*) avait, à deux reprises consécutives, construit son nid dans le lierre d'un mur de jardin, et à chaque fois les grands vents venaient détruire tout le fruit de ses labeurs. A son troisième essai, elle voulut prévenir la répétition de pareils désastres, et elle attacha un brin de laine à une branche de lierre; puis, le tissant autour du nid, elle alla relier l'autre bout à une seconde branche qui se trouvait auprès.

Il paraîtrait que les oiseaux possèdent la faculté instinctive de pressentir un danger qui est proche, quoique rien ne paraisse le faire appréhender dans le moment. Il y a quelques années, un énorme et superbe frêne fut renversé par le vent dans le jardin du presbytère de Newcastle, sur le Tyne. Plus de cent cinquante cercles concentriques se comptaient sur son tronc et indiquaient son grand âge. En l'examinant de près, on le trouva pourri près de sa racine, et il ne restait de sain au centre qu'un morceau gros comme le bras d'un homme. Une compagnie de grolles faisait choix tous les ans de cet arbre pour y construire des nids. Elles semblèrent prévoir sa chute prochaine, et trois ans avant qu'elle eût lieu, elles le désertèrent sans cause apparente, et fixèrent leur séjour sur un autre frêne voisin, qui se trouvait protégé par les cheminées des maisons adjacentes. Il en est de même des plantes, qui, vous devez le savoir, ont une vie propre se manifestant par des phénomènes extraordinaires ayant quelque analogie avec l'instinct des animaux.

« Murray[1] rapporte qu'un fort beau groseillier de

[1] *La Botanique au village* par S. Henry Berthoud.

son jardin devint tout à coup languissant. Un mur abattu, en le privant d'abri, et certaines infiltrations d'eau minérale survenues par accident avaient modifié la nature du sol et détruit les conditions favorables dans lesquelles l'arbuste s'était trouvé jusque-là.

Le groseillier, dont les feuilles jaunissantes prenaient un aspect caractéristiquement maladif, dirigea une de ses branches vers une partie du sol qu'abritait un gros arbre et où l'eau minérale n'arrivait point.

Pour cela, il fallait passer au-dessus d'un petit contrefort en briques et atteindre à une distance de plus d'un mètre. La branche y parvint en croissant avec une vigueur fiévreuse et en s'allongeant de près de quatre centimètres par jour.

Le contrefort franchi, elle s'abaissa sur le sol, contre la surface duquel elle appuya avec force son extrémité, et y pénétra lentement, mais profondément.

Deux jours après, des racines se développèrent à cette extrémité enfouie de la branche.

A quinze jours de là, un véritable arbuste, un groseillier complet s'élevait de cette branche, tandis que la tige primitive, celle qui était restée dans le terrain malsain de l'autre côté du contrefort, se desséchait et finissait par disparaître complètement. »

Les mouvements de quelques oiseaux sont singuliers, entre autres ceux de la bergeronnette, du rossignol de muraille, du sansonnet. Le rouge-gorge

a un air martial et montre beaucoup d'audace, le
verdier ou moineau des haies est timide et paisible.
Le roitelet est inquiet et toujours en mouvement. Le
moineau des villes se permet une audacieuse familiarité qui diminue l'intérêt que nous serions portés
à lui accorder. J'ai souvent remarqué les petits de
ces oiseaux élevés au milieu de toute la fumée de
Londres, et si peu timides, qu'avant même de savoir voler ils sautent partout dans les rues, cherchant
les miettes de pain et autres débris dans les ruisseaux.
Ils acquièrent dans un âge encore tendre cette hardiesse et cette insouciance du danger qui sont les
traits distinctifs du moineau de la capitale. Cette
indifférence apparente n'exclut pas cependant l'a-
dresse avec laquelle ils savent esquiver une catastro-
phe, et cela au moment précis où il devient urgent
de le faire.

Plusieurs oiseaux ont l'instinct de se tenir tous
ensemble le plus près possible l'un de l'autre quand
il fait froid, afin de se communiquer la chaleur. J'ai
observé les hirondelles, à la fin de l'automne, sus-
pendues comme un essaim d'abeilles, les ailes éten-
dues, sur les rebords d'un toit. Plus d'une fois on a
trouvé des roitelets, pendant l'hiver, ainsi agglomé-
rés. Allan Cunningham raconte dans son style naïf
le trait suivant :

« Une nuit très froide du mois de décembre, et
pendant un temps de neige, je m'esquivai de la
maison paternelle (j'avais alors dix ans) pour aller
à la chasse des moineaux qui font leurs nids dans

les toits de chaume de nos paysans. Ils y pratiquent des trous semblables à ceux que font les hirondelles sur les bords des rivières. J'enfonçai la main dans un de ces trous, et j'empoignai quelque chose de moelleux et de chaud ; un petit cri étouffé m'annonça au même instant que ce quelque chose était en vie. Je n'eus rien de plus pressé que de l'emporter chez mon père, et de le contempler à mon aise à la chandelle. Le petit peloton se composait de quatre roitelets en vie, roulés ensemble, leurs têtes cachées sous leurs ailes et leurs pattes rentrées en dedans, de sorte que l'extérieur présentait l'aspect d'une boule de plume d'un brun nuancé. J'ai acquis la conviction que c'est ainsi que ces oiseaux se garantissent du froid rigoureux de l'hiver. Peut-être me demanderez-vous si ma mémoire me sert bien dans cette circonstance. Je vous répondrai que oui ; car un des roitelets, se détachant de la boule, alla donner juste dans la chandelle, auprès de laquelle mon père lisait, ce qui m'a valu de sa main une de ces fustigations qu'un enfant n'oublie de sa vie. »

Peu d'oiseaux ont autant excité la curiosité des naturalistes que le coucou, et l'on a avancé à son sujet des choses contradictoires. C'est ainsi que l'on admettait, comme un fait incontestable, que le jeune coucou expulse du nid qui lui a donné l'hospitalité les occupants plus faibles qui en étaient les possesseurs naturels. Cette opération aurait lieu, dit-on, généralement le second jour après qu'il est éclos ; ou bien, si le jeune intrus vient au monde avant ses

compagnons, il se met en devoir de se débarrasser
des œufs. Cette opinion, comme je l'ai déjà dit,
pourrait fort bien se baser sur ce fait que le mâle de
ces oiseaux est très friand des œufs des petits oiseaux, et qu'il les recherche avec avidité. Quoi qu'il
en soit, voici un fait curieux venu à ma connaissance, et qui s'est passé chez M. Newdegate, à Ar-
brery. Je le donne à mes lecteurs, en garantissant
son authenticité, qui a été constatée par écrit au
moment même où il a eu lieu.

« Au commencement de l'été de 1828, un coucou
déposa un œuf dans le nid d'une bergeronnette,
après en avoir préalablement ôté ceux de cet oiseau.
Lorsqu'il fut éclos, le jeune intrus fut nourri par
ses père et mère adoptifs jusqu'à ce qu'il devînt
trop grand pour son habitation, et un beau jour il
perdit l'équilibre et tomba par terre. Il fut ramassé
et mis dans une cage, que l'on plaça dans le voisinage du nid. Ici on s'attendait à ce que les bergeronnettes vinssent lui apporter sa nourriture, comme
c'est leur habitude en pareille occasion ; mais les
oiseaux qui l'avaient élevé l'abandonnèrent entièrement, et ce fut un moineau des bois, ou verdier,
qui se chargea de ce soin : il s'en acquitta avec
un zèle incroyable, lui apportant la becquée à de
courts intervalles depuis le matin jusqu'au soir, jusqu'à ce qu'il eût toutes ses plumes et qu'il fût en
état de se pourvoir lui-même ; on lui donna alors sa
liberté, et on ne le revit plus. »

Le cri monotone de cet oiseau est très connu :

cependant il émet quelquefois, lorsqu'il vole en
ligne droite, un son qui ressemble à une cadence
délicate et prolongée sur la flûte. Son chant se fait
entendre dans les premiers jours de mai ; et, à cette
époque, ses courses, qui ont pour but l'envahisse-
ment de quelque nid étranger, paraissent être comprises par les bergeronnettes et autres oiseaux de la
famille des gobe-mouches, qui font dans les airs
une véritable émeute autour de lui. Je ne l'ai jamais
vu manger pendant le jour, ce qui ferait croire qu'il
recherche sa nourriture le soir ou le matin, quand
les phalènes sont sur le vol. On ne saurait douter
qu'il ne soit insectivore, puisqu'il dépose son œuf dans
le nid des oiseaux qui ne se nourrissent que d'insectes. Il y a des naturalistes cependant qui lui attri-
buent des goûts carnassiers, et qui disent qu'il
mange les petits oiseaux et dévore leurs œufs. Le
coucou pond probablement plus d'un œuf dans la
saison ; car la nature a trop de soin de la conservation des espèces pour courir ainsi la chance de les
voir exterminer totalement. Le colonel Montagne a
ouvert un coucou qui avait quatre œufs dans l'ovaire.
Blumenbach dit que la femelle pond six œufs dans
le printemps, à différents intervalles. Elle a probablement la faculté de retarder la ponte jusqu'à ce
qu'elle trouve un nid qui lui convienne ; elle met à
contribution ceux des linottes, des mésanges, des
rouges-gorges et surtout des bergeronnettes.

Nous voudrions pouvoir rétablir la réputation du
coucou, qu'on a voulu assimiler à l'autruche pour

le manque d'affection maternelle. Quant à cette dernière, il est maintenant prouvé qu'elle ne quitte ses œufs que quand le soleil est dans toute sa force, et parce qu'alors la chaleur additionnelle de son corps leur serait préjudiciable. M. Whete, dans son Histoire naturelle de Selborne, nous raconte des faits singuliers d'oiseaux qui adoptent des positions bizarres ; il parle, entre autres choses, de deux hirondelles dont l'une avait bâti son nid dans le manche d'une paire de gros ciseaux de jardinier suspendue à un mur de hangar, dont l'autre avait établi le sien entre les ailes de la carcasse desséchée d'une chouette qu'on avait tuée quelque temps auparavant, et qui était suspendue à une poutre du grenier.

J'ai eu occasion, il y a quelques années, de faire visite à M. Ergerton Bagot, du comté de Warwickshire. Quelle ne fut pas ma surprise de trouver sous le marteau de la porte un nid d'hirondelle, et la mère occupée à couver ses œufs! Lorsqu'on ouvrait la porte, ce qui arrivait plusieurs fois par jour, l'oiseau quittait son nid pour quelques instants ; mais il y retournait aussitôt après. J'ai appris depuis que les œufs purent éclore, et que les petits arrivèrent à bien. On en voit même aller nicher jusque dans les scieries, sans que le va-et-vient des courroies, la rotation des poulies et le bruit des machines les effrayent le moins du monde. Ces exceptions tendraient à prouver que quelques oiseaux, loin d'être intimidés par la présence de l'homme, semblent, au contraire, réclamer ses soins et sa protection.

Le rouge-gorge a une note plaintive toute particulière lorsque ses petits sont menacés ; je sais toujours la reconnaître, et ne l'entends jamais sans aller à son secours. Il est rare que je ne trouve pas quelque chat rôdant auprès du nid, et causant ce cri de détresse poussé par la mère.

Le rouge-gorge, plus que tout autre oiseau, varie dans la forme qu'il donne à son nid et dans les matériaux qu'il emploie : le tout est adapté à la position qu'il a choisie. Un rouge-gorge qui s'était installé sur une planche de ma serre entoura son nid d'une quantité de feuilles de chêne, tandis qu'un autre qui avait bâti le sien dans la paille se servit de mousse et de crin. Les feuilles de chêne entrent souvent comme matériaux dans leurs constructions, et j'en fais mention ici plus particulièrement parce que dans le charmant ouvrage intitulé *Architecture des oiseaux,* on semble douter de ce fait. Du reste, cette variété de choix, comme je l'ai dit plus haut, s'explique par l'instinct qui porte ces oiseaux, ainsi que d'autres, à assimiler la couleur et l'extérieur de leurs demeures aux objets environnants, afin de les soustraire plus efficacement à la vue. J'ai remarqué ce fait dans les nids de deux roitelets ; j'en possède un trouvé dans de la litière, et qui y ressemblait tellement, qu'il aurait échappé à l'observation si les oiseaux eux-mêmes n'en avaient trahi l'existence. Lorsqu'un pinson construit son nid sur la branche d'un arbre quelconque, la mousse et les lichens, dont l'extérieur est composé, ressemblent à ceux qui se trouvent sur l'arbre même : de sorte qu'il est difficile de l'en distinguer. Cette prévision instinctive de l'oiseau peut servir à expliquer au spirituel auteur de l'*Architecture des oiseaux* pourquoi il ne se trouve pas deux nids de pinsons qui se ressemblent parmi les douze qu'il a dans sa collection. Peut-être, cependant, n'y a-t-il dans ces faits qu'une coïncidence qu'il serait facile d'expliquer en supposant que l'oiseau, trouvant auprès de lui des matériaux pour son nid, les emploie au lieu d'en aller chercher d'autres au loin.

On m'a apporté dernièrement un nid de bergeronnette à longue queue, trouvé sur la branche d'un ormeau. Il ressemble en tous points aux excroissances ou nœuds de l'arbre, et l'illusion est d'autant plus complète, que le nid, de moindre dimension que ceux qui sont construits ailleurs dans des endroits plus retirés, est plus en proportion avec la branche à laquelle il tient; il est petit et compact, et les lichens qui l'entourent ne se distinguent en rien de l'écorce de l'ormeau : à tel point que, quoique la branche se trouvât dans un endroit découvert, le hasard seul le fit apercevoir.

Le nid du pigeon ramier, composé des matériaux les plus rudes, de quelques branches mortes, est admirablement imaginé pour échapper à l'observation. Combien de fois n'ai-je pas été témoin du vol prodigieux et rapide de cet oiseau, et n'ai-je pas entendu de près le bruit de ses ailes ! Puis, levant les yeux, j'ai cherché en vain son nid dans l'arbre qu'il venait de quitter. L'œil était trompé par de

Pigeons ramiers.

petits amas de feuilles et de branches mortes accumulées avec soin çà et là, et présentant à l'œil une ressemblance parfaite avec le nid de l'oiseau.

4

La pie est encore un oiseau remarquable par sa ruse et son instinct. Son nid est fait avec une excessive précaution : elle le fortifie extérieurement avec des bûchettes flexibles et du mortier de terre gâchée, et elle le recouvre en entier d'une enveloppe à claire-voie de petites branches épineuses et bien entrelacées ; elle n'y laisse d'ouverture que dans le côté le mieux défendu. Le fond du nid est moelleux. Elle a continuellement l'œil au guet sur ce qui se passe au dehors. Son intelligence et sa ruse sont si reconnues, qu'elle sait distinguer, assure-t-on, un homme armé d'un fusil d'avec un autre, et qu'elle prend alors instantanément la fuite. Son penchant au larcin est un fait avéré, et elle cache quelquefois avec tant de soin les objets soustraits, qu'il est difficile de les trouver. Pour compenser tant de défauts, je dois dire qu'elle fait preuve dans quelques occasions d'une généreuse sympathie. Le trait suivant a eu pour témoin oculaire une personne digne de foi, qui me l'a raconté; il mérite d'être cité. Un jour la personne en question, se promenant dans une prairie près de la ville de Worcester, vit une corneille, une pie et un geai engagés tous trois dans un combat à mort. Elle se mit à observer de près le champ de bataille, et elle fut à même de remarquer que la corneille avait résolu la mort du geai, et que la pie combattait magnanimement pour le défendre. Plusieurs rudes assauts avaient eu lieu avant qu'elle s'interposât dans la querelle, ce qu'elle ne fit qu'au moment où elle vit que le geai allait succomber dans

la lutte, malgré la valeur déployée par lui. Elle se
décida donc à ne pas rester neutre dans l'affaire, et
elle s'avança vers le lieu du combat. La bataille se
poursuivit avec tant d'acharnement, qu'elle eût pu
s'emparer des deux antagonistes avant qu'ils se

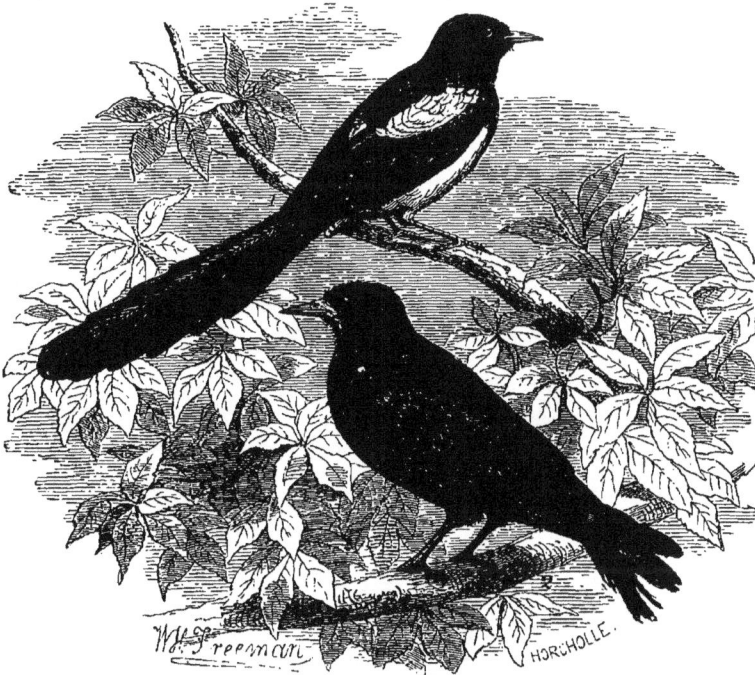

1 Pie.   2 Corbeau.

fussent aperçus de sa présence. Le pauvre geai était
gisant par terre, tout haletant des suites de l'attaque
furieuse qu'il venait d'essuyer ; une de ses ailes
avait été brisée par la corneille. On le donna à un
paysan qui avait été témoin aussi de la scène, et

qui promit de soigner le pauvre blessé. Pendant ce temps, nos deux athlètes s'étaient séparés, la pie vociférant comme une poissarde, et injuriant la corneille dans des termes dont il était facile de deviner le sens.

. CHAPITRE V

Nids des oiseaux.

Une admirable Providence se fait remarquer dans
les nids des oiseaux. On ne peut les contempler
sans être atendri par cette bonté divine qui donne
l'industrie au faible et la prévoyance à l'insouciant.

« Aussitôt, dit un élégant auteur de nos jours,
que les arbres ont développé leurs fleurs, mille ouvriers commencent leurs travaux. Ceux-ci portent
de longues pailles dans le trou d'un vieux mur,
ceux-là maçonnent des bâtiments aux fenêtres d'une
église, d'autres dérobent un crin à une cavale, ou
le brin de laine que la brebis a laissé suspendu à la
ronce. Il y a des bûcherons qui croisent des branches
dans la cime d'un arbre ; il y a des filandières qui
recueillent la soie sur un chardon. Mille palais s'élèvent, et chaque palais est un nid ; chaque nid voit
des métamorphoses charmantes : un œuf brillant,
ensuite un petit couvert de duvet. Ce nourrisson

prend des plumes; sa mère lui apprend à se soulever sur sa couche. Bientôt il va jusqu'à se percher
sur le bord de son berceau, d'où il jette un premier
coup d'œil sur la nature. Effrayé et ravi, il se précipite parmi ses frères, qui n'ont point encore vu ce
spectacle; mais rappelé par la voix de ses parents,
il sort une seconde fois de sa couche, et ce jeune roi
des airs, qui porte encore la couronne de l'enfance
autour de sa tête, ose déjà contempler ce vaste ciel,
la cime ondoyante des pins, et les abîmes de ver-
dure au-dessous du chêne paternel. Et tandis que les
forêts se réjouissent en recevant leur nouvel hôte,
un vieil oiseau qui se sent abandonné de ses ailes
vient s'abattre auprès d'un courant d'eau; là, rési-
gné et solitaire, il attend tranquillement la mort
auprès du même fleuve où il chanta jadis, et dont
les arbres portent encore son nid et sa postérité har-
monieuse. »

Les positions choisies par les oiseaux pour leurs
nids et leur manière de les construire sont aussi remarquables que la variété des matériaux dont ils se
servent. Cette diversité a lieu même dans les espèces
chez lesquelles des mœurs et des besoins identiques
devraient, ce semble, inspirer une même manière
d'opérer. Les oiseaux qui font leur nid au commencement du printemps paraissent réclamer plus de
chaleur et de protection pour leurs petits. Le merle
et la grive plâtrent l'intérieur de leur demeure avec
une terre glaise qui la rend imperméable aux vents
rigoureux qui règnent souvent dans cette saison.

Le moineau commun construira jusqu'à quatre ou
cinq nids dans l'année, tantôt sur un rebord de toit
ou de gouttière, tantôt sur la branche touffue d'un

Nid de merle.

pin, ou bien dans la haie fourrée de nos jardins.
Là il compose son réduit de brins de paille ou de
foin, ou de plumes volées dans nos basses-cours.

Le pigeon ramier et le geai élèvent leurs faibles
constructions sur le sommet de quelques bois taillis, et leurs œufs se laissent même apercevoir à travers les rudes matériaux destinés à abriter la couvée
naissante. Le chardonneret, l'Arachné de nos bosquets, tisse artistement son berceau, composé des
mousses les plus fines, de duvet de chardons et de
lichens empruntés à nos arbres fruitiers. Cette mi-
niature d'oiseau, le roitelet à tête dorée, qui ne re-
doute point la sévérité de nos hivers, construit son
joli nid le plus chaudement possible, quoique ses
petits ne doivent éclore que dans la belle saison. Il
tresse ensemble les menues branches de la mousse
avec la toile d'araignée, et il en forme un tissu compact d'un pouce d'épaisseur, garni en dedans d'une
telle profusion de plumes, que la mère disparaît
lorsqu'elle est sur ses œufs, et que les petits semblent devoir étouffer sous leur lit de duvet et dans
la chaleur de leur appartement. La gorge-blanche,
la fauvette à tête noire et autres oiseaux qui achèvent leur couvée à la même époque, sont moins
recherchés dans leurs demeures. Quelques petits
joncs et brins d'herbe grossièrement entrelacés,
parfois le luxe de quelques crins ou cheveux, suffisent à leurs goûts modestes. Le verdier choisit les
haies ; son nid, souvent exposé à la vue, est rudement travaillé ; tandis que le pinson, installé dans
l'orme au-dessus de lui, essaye de se soustraire aux
regards des curieux ; la forme, la propreté, l'ensemble de son petit réduit, tout y est parfait.

Les oiseaux choisissent comme position pour leur
nid, les uns un trou sous terre, d'autres une cre-
vasse de mur ou une fente d'arbre. Le bouvreuil
demande pour ses constructions les racines les plus
fines. Le gobe-mouche gris, qui est plus recherché

Nid d'hirondelle.

encore, ramasse les toiles d'araignée. Toute la famille des mésanges, sauf l'espèce ci-dessus nommée, se relègue dans quelque trou d'arbre ou de
muraille, et, ne se croyant pas là encore assez abritée, elle le tapisse de plumes et d'objets moelleux [1].

[1] Je ne connais pas d'oiseau qui excite plus ma pitié, à cause
des fréquents désastres qui résultent de sa manière de bâtir, ou
plutôt de maçonner son nid, que la pauvre hirondelle. La grolle
verra parfois son habitation précipitée de son site aérien, ou ses
œufs ébranlés par la tempête; mais la malheureuse hirondelle,

Des exemples à l'infini viennent confirmer cette diversité dans les opérations des chansonniers de nos
haies et de nos bosquets, et ne nous permettent pas
de douter que ces variations, loin d'être superflues,
tendent à un but utile et coordonné dans l'admirable
économie de la création animale.

En résumé, considérons les oiseaux dans leurs
rapports avec leur progéniture. Nous les voyons
tous construire des nids, d'abord pour eux-mêmes,
il est vrai ; mais les précautions de l'art qu'ils emploient dans l'établissement de leurs charmantes demeures sont spécialement en rapport avec les besoins
de leurs petits. L'habileté des oiseaux dans ce genre
de travail serait un inexplicable prodige si la théorie
des causes finales n'en démontrait la nécessité. Ne
trouvant pas dans les airs les abris que la terre offre
aux animaux qui habitent sa surface, ils devaient
construire leurs demeures de toutes pièces ; et n'ayant
pour cela d'autre instrument que leur bec, ils devaient être doués dans l'emploi de cet unique instru-

---

qui fait sa bicoque de terre sous le toit d'une grange, au coin
d'une gouttière ou dans l'angle d'une fenêtre, essuie des cata-
strophes plus terribles encore. Les petits sont éclos vers le mois
de juillet ou d'août ; mais un seul jour de vent et de pluie suffit
pour humecter la terre dont le nid est composé ; le ciment cède,
et la couvée entière se trouve jetée à bas. Il y a certains endroits
de malheureuse prédilection pour ces pauvres oiseaux, auxquels
ils reviennent tous les ans, quoique leurs nids soient annuellement emportés. Le père et la mère paraissent même pressentir
le danger qui les menace ; car, avant que l'accident ait lieu,
on les voit voltiger autour de leurs nids et manifester la plus
grande inquiétude.

ment d'une habileté merveilleuse. Quel art, en effet, présentent la plupart de ces nids, formés de plumes, de crins, de paille, de laine, entrelacés et tapissés de mousse ou de duvet, souvent reliés par un ciment que l'oiseau compose lui-même! Pour exécuter quelque chose de pareil, il faudrait à l'homme toute son industrie, et des instruments dont la civilisation seule a pu armer ses mains. Il en est de même pour certains insectes, qui construisent leurs nids d'une façon vraiment merveilleuse. L'argyronète, vulgairement aussi appelée araignée d'eau, commence d'abord, au fond de l'eau, par fixer solidement à quelques brins d'herbe les fils qui doivent suspendre et maintenir une petite coque d'un tissu souple, serré et imperméable. Cette coque ressemblant à un ballon vide est lestée, dans sa partie inférieure, de quelques grains de sable, lui donnant la stabilité nécessaire pour l'empêcher de flotter. Quand tout ce travail est achevé, l'argyronète remonte à la surface de l'eau, couchée sur le dos. Elle soulève alors, au-dessus du niveau, son gros ventre noir hérissé de poils ; elle l'agite, et bientôt tout autour viennent s'attacher de nombreuses bulles d'air. Cela fait, elle replie ses pattes, se laisse aller au fond et se glisse sous sa cloche, où elle se débarrasse de sa provision. Elle répète ce manège jusqu'à ce que la coque soyeuse, de flasque et d'étroite, devienne tendue, large et en forme de tonneau.

Du reste, comme nous venons de le voir, une variété extrême règne dans la composition de ces nids.

Celui de l'aigle est simple : quelques perches entrelacées et tapissées de bruyères ou de peaux de bêtes,
sous quelque enfoncement de roc, suffisent pour
abriter, avec leurs parents, les aiglons, qui n'ont
pas la délicatesse des petites races ; et d'ailleurs l'aire
de l'aigle doit servir de réceptacle au gibier et aux
provisions nombreuses qu'il y apporte pour sa famille ; elle devait donc être vaste, parce qu'elle forme
une habitation complète. L'hirondelle bâtit son nid
sur nos édifices, sans autre matière qu'un ciment
qu'elle recueille au bord des ruisseaux ou des mares.
Les chardonnerets font leur nid sur les arbres, et
par préférence sur les pruniers et les noyers ; ils
choisissent d'ordinaire les branches faibles et qui ont
beaucoup de mouvement ; quelquefois ils nichent
dans les taillis, d'autres fois dans des buissons épi-
neux. Les oiseaux qui font leurs nids dans les blés y
mettent moins de façon, parce qu'ils sont protégés
par les tiges qui les entourent. Enfin les gallinacés,
et les oiseaux de basse-cour surtout, ne font pas de
nid et n'en savent pas faire : c'est ce qu'aurait deviné
l'homme par la simple connaissance et la destination
de ces espèces. Ces oiseaux, qui ne sont pas livrés
à leur indépendance, mais se trouvent placés sous
les soins de l'homme n'ont pas besoin de se créer
un abri, puisque nous le leur donnons.

Suivons les petits oiseaux au sortir de l'œuf.
Presque tous ceux qui proviennent de parents sau-
vages, et qui en reçoivent leur pâture, sont dans un
état de faiblesse semblable à celui que nous présen-

tent les mammifères et l'homme même, durant les
premiers jours de leur vie. Ils sont impuissants à
quitter la demeure paternelle, parce qu'ils ne sauraient se pourvoir eux-mêmes; et parce qu'ils sont
faibles et incapables de se procurer eux-mêmes des
aliments, leur père ira pour eux à la chasse, et leur
en procurera les produits, comme il convient pour
leur jeune âge. Mais jetons un coup d'œil sur cette
couvée de poulets[1] qui vient de briser la coque qui
lui servait de prison. A peine éclos, vous les voyez
trotter légèrement et courir à la pâture; ils savent
sur-le-champ gratter la terre, et y trouver les imperceptibles grains et les insectes qui sont de leur
goût. Eh bien, ceux-là savent en naissant se tenir
sur leurs pieds et courir même en gardant l'équilibre. Pourquoi cela, philosophes? Je vais vous le
dire. Il fallait que les poulets pussent marcher et
courir en naissant, parce qu'il fallait qu'ils pussent
eux-mêmes trouver leur nourriture. Quel intérêt
nous offrent les petits de l'aigle, de la chouette, du
corbeau? Ces races se propagent peu, et les oiseaux
destructeurs surtout ne forment que de rares popu-
lations. Celles, au contraire, qui procurent à l'homme
de notables avantages, produisent beaucoup plus
que les autres; et leurs mœurs, leurs facultés, leurs
habitudes, sont mises en harmonie avec leur nombre.
Partout on voit que le but précède, et que le moyen

---

[1] Cette remarque s'applique non seulement aux poulets, mais
encore aux petits des autruches, des faisans, des perdrix, des
cailles, etc., et, en général, de tous les gallinacés.

suit et s'y adapte; or tel est précisément le caractère d'une intelligence qui prévoit et dispose.

Les œufs des oiseaux de la même espèce, et quelquefois de la même couvée, varient souvent quant à
la couleur, et il est parfois difficile de les classer lorsqu'ils sont ôtés du nid. Les œufs du moineau commun en offrent surtout un exemple. Ceux des oiseaux marins, et en particulier de la guillemotte
(*colymbus troile*), se ressemblent si peu, qu'il faut
de l'habitude pour les reconnaître. Le plumage des
oiseaux n'a probablement jamais varié, et il est aujourd'hui ce qu'il a toujours été; mais il est difficile
de déterminer si les taches ou marques qui se trouvent sur les œufs ont quelque rapport avec les
nuances de couleur des plumes de l'oiseau; les œufs
d'un blanc pur produiront des oiseaux avec un plumage varié. L'œuf du moineau commun est bleu,
tandis que celui du rouge-gorge, qui se nourrit
comme lui, est d'un fond brun tacheté de blanc
et de jaune. Le cormoran pond des œufs d'un vert
pâle; ceux de l'oie de Soland sont blancs; tous les
deux vivent de poisson. Les œufs de la grolle, de la
pie et du vanneau se ressemblent pour la couleur et
la grosseur. Ceux du pigeon, du hibou et du martin-
pêcheur sont blancs, et ceux du merle d'un vert
bleuâtre. Les poules mêmes de nos basses-cours,
qui ont une nourriture commune, produisent des
œufs qui sont plus foncés les uns que les autres.

On ne saurait expliquer la variété qui se trouve
dans le plumage des oiseaux de la même espèce.

Pendant trois ans, j'ai remarqué dans le parc de
Hampton-Court une grolle qui avait une aile blanche,
et j'ai vu une autre fois un moineau presque entièrement blanc. On m'a montré il y a quelques années un couple de merles blancs sur la propriété
d'un seigneur à Blackheat, et ce qui prouve que
cette circonstance n'était pas accidentelle, c'est que
leurs petits avaient un plumage de la même couleur. L'albinisme étant, en effet, une affection mor-
bide, peut très bien se transmettre par la géné-
ration.

Il est un fait intéressant dans l'histoire naturelle,
c'est qu'en ôtant un ou deux œufs du nid de quelques oiseaux avant qu'ils aient complété le nombre
voulu par la nature, ils continuent après à en
pondre considérablement. On peut citer, entre autres, le vanneau (*tringa vanellus*), la huppe (*upupa*),
le merle, l'alouette et la bergeronnette à longue
queue. Cette dernière a produit jusquà trente œufs
avant de commencer à couver, un de mes amis les
ayant soustraits à chaque ponte. L'alouette pondra
pendant un temps indéfini, jusqu'à ce qu'elle trouvê
dans son nid le nombre voulu, trois ou cinq œufs.
Cette singularité est un de ces mystères dans la
nature que nous ne saurions comprendre ; car ces
oiseaux cessent de produire des œufs lorsque leur
nombre est complété. Comment donc expliquer cette
reproduction qui a lieu dans des cas que la nature ne
saurait avoir prévus? Cette faculté n'est point commune à nos volailles domestiques : la poule, ainsi

que la dinde, couve aussi bien un seul œuf que plusieurs.

Les poules pondent quelquefois des œufs avec deux jaunes, et d'autres avec doubles coques. C'est un fait curieux, que le petit point ou tache sur la surface supérieure du jaune, et qui est le germe du futur poulet, étant plus léger que le côté qui lui est opposé, en quelque position que soit placé l'œuf, cette partie se trouve toujours immédiatement opposée au ventre de l'oiseau qui couve.

CHAPITRE VI

Affection des animaux pour leurs petits.

J'ai eu occasion cet été de remarquer la sollicitude inquiète d'un rouge-gorge qui, en retournant
à son nid, l'a trouvé abandonné de ses petits. Ses
plaintes furent incessantes. Il paraissait les chercher
parmi les buissons voisins, et changeait parfois sa
note de détresse en un petit cri d'appel pour sa couvée absente. Il tenait dans son bec le petit ver destiné à les nourrir; mais, voyant toutes ses recherches infructueuses, il la laissa tomber. Il y avait
quelque chose de touchant dans cet incident. Notre
poète de la nature, Thomson, a célébré dans des
vers de toute beauté un trait pareil d'un rossignol.
Virgile nous fait une description semblable :

> Telle sur un rameau, durant la nuit obscure,
> Philomèle plaintive attendrit la nature,
> Accuse en gémissant l'oiseleur inhumain
> Qui, glissant dans son nid une furtive main,
> Ravit les tendres fruits que l'amour fit éclore,
> Et qu'un léger duvet ne couvrait pas encore.
>   (*Géorg.*, liv. IV, trad. de Dellile.)

L'affection que les oiseaux témoignent à leurs

petits est très remarquable, et cette affection paraît
être réciproque. Aussitôt que la mère retourne au
nid, elle est accueillie par un cri d'amour et de plaisir. Chez les hirondelles surtout, ce sentiment paraît
très vif; lorsqu'au coucher du soleil la jeune couvée
se ramasse sous l'aile maternelle, elle pousse de petits
cris de satisfaction et de bonheur qui se prolongent
très tard dans la soirée; et cependant si, par accident, quelqu'un de ces petits vient à choir du nid,
le père et la mère qui les voient et les entendent
se lamenter, ne leur portent aucun secours et les
abandonnent.

La chaleur et la protection que reçoivent ces faibles créatures de ceux à qui elles doivent l'existence,
est une touchante image des sollicitudes maternelles
de la Providence pour les êtres qu'elle a produits.
« Il vous couvrira de son ombre, et vous vous repo-
serez sous ses ailes, » dit le Psalmiste. Aussi l'Écri-
ture sainte, dans cette métaphore à la fois si poétique
et si consolante, apprend-elle au cœur affligé à trouver le repos et la paix dans ses traverses et ses afflic-
tions. En contemplant l'oiseau de proie qui plane sur
la couvée nouvellement éclose, et qui court se réfugier sous les ailes de sa mère, je sens vivement qu'à
l'heure du danger et de la tentation je peux m'élan-
cer par la prière dans le sein du Père céleste, et
trouver là paix et protection. Que de leçons sublimes
fournies par la nature à ceux qui comprennent et
qui goûtent Dieu dans ses œuvres! Revenons au sujet de ce chapitre.

Les oiseaux, et tous les animaux en général, sur-
veillent leurs petits avec un soin jaloux. Ils les transportent d'un lieu à un autre lorsque leur sûreté peut
être compromise, et ils négligent souvent leur propre
conservation afin d'assurer la leur. Cependant je
n'hésite pas à accorder aux oiseaux, sur les quadrupèdes, la prééminence en affection paternelle. Ces
derniers et toute la classe des mammifères s'occupent principalement de leurs petits lorsque leur lait
leur devient à charge, et cette circonstance est encore une précaution bienfaisante de la nature envers
les jeunes animaux abandonnés. Les oiseaux ne
sont pas poussés par un semblable motif, et pourtant avec quelle constante assiduité ils s'occupent
de pourvoir aux besoins de la jeune famille ! Comme
ils s'acquittent avec amour et affection de ces doux
devoirs, jusqu'à s'oublier eux-mêmes pour elle ! Une
poule mangera à peine pendant le temps de sa couvée, et plus du tout dans les deux jours qui la ter-
minent. Lorsque enfin ses œufs sont éclos, elle quitte
le nid, mais c'est pour chercher la nourriture des
petits ; et, quelque pressante que soit sa faim, elle
ne touchera à rien qu'ils ne soient rassasiés. La pie,
l'oiseau le plus vigilant pour sa propre sûreté, devient audacieuse lorsqu'il s'agit de ses petits ou
qu'ils sont en danger. Les gardes-chasse qui veulent
détruire les vieilles pies emploient une ruse bien
connue parmi eux. Ils ôtent les jeunes oiseaux du
nid et les font crier ; les père et mère accourent tout
de suite en entendant leur note de détresse, et l'on

tire sur eux. Les geais et autres oiseaux de proie
sont attirés par le même moyen, et deviennent aussi
victimes de leur amour maternel. Chez les oiseaux,
cette même affection est commune au mâle comme
à la femelle, tandis que dans la classe des mammifères la femelle seule en est douée; outre le soin de
nourrir sa progéniture, elle a souvent à la défendre
contre la férocité du mâle.

Un chat de mon voisinage, qui avait jeté des yeux
de convoitise sur un nid de merle, grimpa pour
mieux l'atteindre sur le haut d'une palissade; la
mère, à son approche, vola au-devant de lui, et
dans son agitation fit entendre les cris les plus dou-
loureux de détresse et de désespoir. Le mâle, de son
côté, montrait une inquiétude extrême, et, élevant
aussi la voix, il descendit à plusieurs reprises sur
la palissade, juste en face du chat, qui ne put s'élan-
cer vers sa proie, ayant peine à se maintenir sur
l'espace étroit qu'il occupait. Enfin le merle se jeta
sur lui, se percha sur son dos, et de là il lui admi-
nistra des coups de bec avec une telle violence, qu'il
dégringola de la palissade, suivi par son ennemi,
qui réussit à lui faire évacuer le terrain. Dans une
autre occasion, où la même scène se renouvela, le
merle fut une seconde fois victorieux, et notre chat
tellement intimidé, qu'il renonça tout de bon à l'espoir d'emporter le nid d'assaut. Après chaque bataille, le merle célébra sa victoire par un chant, et
plusieurs jours après il poursuivait autour du jardin
le malheureux chat, lorsqu'il s'avisait de quitter la

maison. Il est venu à ma connaissance que deux
merles ont suivi un enfant dans sa maison même,.
en lui donnant, chemin faisant, des coups de bec sur.
la tête, parce qu'il emportait avec lui le nid contenant leurs petits. On ne réfléchit guère sur la misère

Chat guettant des oiseaux.

et l'anxiété que l'on cause aux oiseaux en les privant
de la petite couvée qu'ils ont élevée avec tant de
soins et de tendresse. J'ai lu quelque part ces lignes
dans un ancien auteur : « Le parent cruel, qui en-
« couragerait son enfant à dérober à un oiseau ses

« petits, mérite qu'on lui vole à lui son propre nid
« et de rester sans enfants. »

On a beau emprisonner les oiseaux dans une cage,
le père et la mère sauront toujours les y retrouver
pour leur prodiguer assidûment les soins les plus
tendres, qui se prolongeront même au delà du temps
ordinaire. De timides qu'ils étaient, ils deviennent
alors hardis et téméraires, et témoignent une grande
anxiété lorsqu'on s'approche de la cage. On trouve
les traces de cette même sensibilité chez tous les
oiseaux, depuis l'aigle jusqu'au roitelet, et depuis
le cygne jusqu'au moindre des aquatiques. Dans
cette dernière classe, la poule d'eau fait preuve
d'une prévoyance remarquable. On sait qu'elle construit son nid parmi les joncs et assez près de l'eau,
afin de mieux le soustraire à la vue. Lorsqu'il y a
lieu de craindre une inondation, elle en fait un second plus haut que l'autre, et dans lequel elle transportera ses œufs ou ses petits, si les circonstances
l'y obligent. Ce fait m'a été certifié par plusieurs
personnes qui en avaient été souvent témoins ocu-
laires. J'ai quelquefois remarqué un second nid
(mais plus exposé par sa position) à côté de celui où
la blanche-gorge avait déposé ses œufs. Je n'ai jamais
pu m'expliquer la raison de ces deux nids, à moins
que ce ne fût une petite ruse pour tromper l'œil.

Les oiseaux familiers avec l'homme choisissent
parfois des situations singulières pour leurs petites
constructions; j'en ai déjà cité quelques exemples,
je ne saurais passer sous silence celui-ci. Un rouge-

gorge commença à bâtir son nid dans un myrte en
pot qui se trouvait dans le vestibule de la maison de
campagne d'un de mes amis, dans le comté de
Hampshire. On l'obligea de déguerpir. L'oiseau alors
s'installa sur la corniche du salon, et ici il trouva la
même opposition. Notre rouge-gorge, après cette
seconde défaite, ne se tint pas pour battu, et commença imperturbablement son troisième nid dans un
soulier neuf qui se trouvait sur un dressoir du cabi-
net de toilette de mon ami. Ici on le laissa faire jusqu'à ce que le nid fût complété ; mais on pouvait
avoir besoin du soulier, et de plus il ne gagnait rien
à devenir le berceau d'une couvée naissante. On ôta
donc avec soin le nid, et on le déposa dans un autre
soulier qui était vieux. Là les oiseaux achevèrent
leurs travaux en garnissant l'intérieur de feuilles de
chêne : les œufs furent pondus, et dans le temps
convenable se trouvèrent éclos. Mon ami me dit avoir
éprouvé un vif plaisir à remarquer la confiance et la
familiarité que les rouges-gorges lui témoignaient.
Lorsqu'il se rasait le matin, le père et la mère venaient souvent se percher sur le haut de sa glace,
tenant entre leur bec le ver destiné au déjeuner de
la petite famille, sans montrer aucune alarme de sa
présence. Avant d'en finir avec les rouges-gorges,
je dois ajouter que lorsqu'ils chantent tard dans l'automne, c'est par un motif de rivalité. Il y en a alors
toujours deux qui s'efforcent à l'envi l'un de l'autre.
Si l'un cesse ses notes, l'autre devient silencieux.
J'ai aussi remarqué qu'ils entonnent leur chant au

moment où ils se disposent à se battre ; car cet oiseau
est essentiellement belliqueux de sa nature. J'en ai
vu deux qui, après s'être défiés au combat, l'ont
engagé avec un tel acharnement, que j'aurais pu
aisément les prendre tous deux au moment où ils
roulèrent à mes pieds daus l'allée du jardin. Après
quelque temps, l'un deux paraissait avoir le dessus,
et aurait tué son antagoniste si on ne les eût séparés.
Les oiseaux combattent souvent jusqu'à ce que la
mort s'ensuive. Quelques naturalistes ont assuré que
la femelle du rouge-gorge chante, et je suis moi-
même de cette opinion, d'après des observations
que j'ai faites.

La poule est un modèle d'attachement maternel.
Lorsqu'elle se trouve avec une couvée de canetons,
avec quelle anxiété elle les voit s'en aller à l'eau, où
elle se hasardera souvent à les suivre ! Quiconque a
vu surprendre une couvée de perdrix par un chien
de chasse a été témoin de tout ce que peut la force
de ce même sentiment d'affection naturelle.

Les hirondelles, lorsqu'elles ont des petits, mettent
une grande persistance à la chasse des insectes,
qu'elles happent au vol. Elles s'arrêtent pour se reposer, et font entendre alors un doux gazouillement.
Lorsque leurs petits sont éclos, les père et mère leur
portent sans cesse à manger, et ont grand soin d'entretenir la propreté de leur nid jusqu'à ce que les
petits, devenus plus forts, sachent s'arranger de
manière à leur épargner cette peine. Mais ce qui
est plus intéressant, c'est de voir donner aux jeunes

les premières leçons pour voler, en les animant de la
voix, leur présentant d'un peu loin la nourriture et s'éloignant encore à mesure qu'ils s'avancent pour la recevoir, les poussant doucement, et non sans quelque inquiétude, hors du nid, jouant devant eux et avec eux dans l'air, et accompagnant leur action d'un gazouillement si expressif, qu'on croirait en entendre le sens.

L'hirondelle est souvent en guerre avec les moineaux, et dans ces occasions elle fait preuve d'une sagacité remarquable. Un couple de ces premières avait construit son nid dans l'encoignure de la fenêtre d'une

Hirondelles.

5

maison inhabitée. Un beau jour, un moineau s'avisa
d'en prendre possession, et l'on vit les pauvres
hirondelles faire des efforts inouïs pour rentrer dans
leur demeure, à laquelle elles restaient accrochées.
Leur persévérance fut vaine, le moineau tint bon
et ne voulut pas déguerpir. Les hirondelles, complètement épuisées, quittèrent le terrain; mais ce
fut pour revenir accompagnées de plusieurs autres
de leurs compagnes, chacune apportant dans son bec
un peu de terre glaise, avec laquelle elles se mirent
en devoir de boucher l'ouverture du nid, et d'y ren-
fermer le moineau intrus, qui, livré à ses tristes
réflexions, finit par y mourir. Cette anecdote peut
paraître improbable à plus d'un lecteur; mais le nid
en question a été ôté de la fenêtre, et il fut montré à
plusieurs personnes avec le pauvre moineau défunt.

Kalm, dans ses voyages en Amérique, nous cite
un trait fort intéressant des hirondelles. « Deux de
ces oiseaux, dit-il, avaient construit leur nid dans
une écurie; la femelle pondit ses œufs, et se dispo-
sait à les couver, lorsqu'elle vint à mourir. La personne qui les avait observés ôta l'oiseau mort du nid,
et elle vit alors le mâle voltiger continuellement autour de sa demeure, se posant sur un objet voisin et
jetant un cri plaintif. Enfin il se décida à se mettre
lui-même sur les œufs; mais, trouvant probablement cette occupation un peu gênante, il partit un
matin et revint dans l'après-midi, suivi d'une autre
compagne, qui se chargea de couver les œufs et
d'élever les petits. »

En examinant la tête d'une hirondelle vivante, il est impossible de ne pas être frappé d'un air d'intelligence et de vivacité qui la distingue d'une manière particulière de tout autre oiseau.

CHAPITRE VII

Prévoyance des animaux.

Un sujet intéressant à étudier dans l'histoire naturelle, ce sont les moyens adoptés par différents animaux pour nourrir leurs petits pendant les premiers temps de leur existence. L'instinct qu'une sage Providence a déposé en eux leur enseigne à faire choix alors d'une nourriture adaptée à la faiblesse de leur état et de leurs organes; tout observateur de la nature a dû en être témoin en maintes circonstances. Beaucoup d'oiseaux nourrissent leurs petits, pendant les premiers jours qui suivent leur sortie de l'œuf, de larves et d'insectes. Lorsqu'ils se développent, ils y substituent des vers de terre.

C'est une remarque générale parmi les gens de la campagne, lorsque les haies sont couvertes de baies d'aubépine et de houx, que l'hiver sera rude. Cette observation est plus vraie peut-être qu'on ne le

pense, et nous démontre une prévoyance admirable.
Que d'oiseaux périraient pendant une saison sévère,
si cette ressource ne leur eût pas été ménagée! De
plus, quelques sources d'eau vive ne gèlent jamais,
de sorte que les oiseaux sont à même, au milieu des
plus rudes hivers, de trouver l'eau et la nourriture.
Le rouge-gorge, le merle, la grive, avec les bécasses et les bécassines, accourent à ces sources
d'eau vive, où ils trouvent aussi les vers et les insectes qui suffisent à leur existence jusqu'à l'arrivée
du beau temps. Lorsqu'une neige épaisse couvre la
terre, beaucoup d'oiseaux se dirigent vers les forêts.
Là ils recherchent avidement, pour s'en régaler, les
insectes enfouis dans les vieux arbres et le bois pourri.
Les chevaux et les chevreuils grattent la neige avec
leurs pieds pour déterrer l'herbe; les lièvres et les
lapins mangent l'écorce des arbres. Lorsqu'il gèle
fortement, la mésange s'approche de nos habitations,
en quête des restes de nos tables. Le verdier et le
roitelet sont à la piste des insectes qui se trouvent
dans le fond des haies, où la neige n'a pu atteindre,
tandis que les moineaux, les bouvreuils, les pinsons
et autres, s'assemblent près de nos granges et dans
nos fermes, où ils ramassent des grains de toute espèce. La plupart des oiseaux trouvent donc des
moyens d'existence pendant les hivers les plus rigoureux, tandis que plusieurs animaux restent alors
dans un état de torpeur, attendant l'action vivi-
fiante du soleil au printemps. Les insectes ne paraissent que légèrement affectés de la sévérité des sai-

sons. On les voit reparaître aux premiers jours du
beau temps qui suivent les plus grands froids des
pays septentrionaux. Les abeilles résistent aux frimas de la Russie : et dès qu'ils ont cédé à une température plus bienfaisante, elles se mettent à faire
leur provision de miel.

Nous voyons donc que la condition des animaux
pendant l'hiver, toute misérable qu'elle paraît à un
observateur ordinaire, est beaucoup moins triste
que nous ne l'imaginons. Les ressources les plus
variées leur sont ménagées par le Père commun.
L'homme seul cause les misères des créatures qui
l'entourent, faute de réfléchir que ces mêmes créatures sont, comme lui, sous l'action immédiate de
la Providence. Je ne saurais accorder mon estime à
celui qui de gaieté de cœur écraserait le ver qu'il
rencontre sur son chemin, ou la mouche qui bourdonne autour de lui. Les myriades infinies d'insectes
qui existent partout sont nécessaires à l'existence des
différentes espèces d'oiseaux. « Ceux-ci sont des
agents importants dans l'économie générale de la
nature. Ils détruisent d'innombrables insectes, et
ceux qui s'acharnent sans réflexion à extirper les
espèces qu'on se plaît à appeler nuisibles, comme
les moineaux, les corbeaux, etc., ont donné lieu,
sans s'en douter, à une multiplication très préjudiciable de toute espèce de vermine[1]. »

Je me plais quelquefois à observer l'activité de ces

----

[1] Blumenbach.

oiseaux qui se nourrissent de mouches. La bergeronnette s'élance sur elles avec une extrême rapidité,
et lorsqu'elle est en course pour ses petits, elle place
chaque mouche, à mesure qu'elle s'en empare, dans
un coin de son bec; là elle les garde jusqu'à ce

Bergeronnette.

qu'elle en ait fait une ample provision. On s'attend
à les voir tomber de son bec chaque fois qu'elle
l'ouvre pour engloutir une nouvelle proie; mais cet
accident n'a jamais lieu. J'ai aussi remarqué qu'elle
revient avec un butin bien plus considérable lors-

qu'elle est chargée du soin d'élever un jeune coucou.
En retournant à son nid, elle s'annonce par un petit
cri d'amour maternel, auquel la couvée répond en
tenant le bec ouvert pour recevoir la nourriture dé-
sirée. Le jeune coucou, tout intrus qu'il est, comprend ces notes d'allégresse, et je l'ai vu maintes
fois se préparer avec une extrême avidité à recevoir
sa mère adoptive, longtemps avant qu'il eût pu l'a-
percevoir. L'hirondelle, dans ses chasses aériennes,
ne me paraît pas suivre la même méthode en s'em-
parant des mouches, dont elle se nourrit comme la
bergeronnette. On entend le petit bruit de son bec
lorsqu'elle attrape un insecte, et on admire l'instinct
qui la détourne, même dans son vol le plus rapide,
de se saisir d'une guêpe ou d'une abeille. Les hirondelles sont infatigables à procurer la nourriture à
leurs petits, mais si un accident quelconque, comme
nous l'avons déjà dit, fait tomber par terre le nid
où ils sont déposés, les père et mère ne s'en occupent plus et les abandonnent à leur malheureux
destin : probablement parce qu'étant eux-mêmes
toujours au vol, et ne se posant presque jamais à
terre, ils n'ont pas l'idée de les y chercher.

Il est curieux d'observer les mœurs de la famille
des mésanges. Les père et mère avec leurs petits,
qui sont nombreux, vivent ensemble depuis le temps
où ils quittent leur nid jusqu'au printemps suivant.
Leur cri perpétuel semble être une note de ralliement pour la petite famille dans leur passage à travers les bois et les feuillées, à la recherche des in-

sectes. Leurs mouvements et leur vol sont très rapides, et il y a dans tout ce qu'ils font une joyeuse vivacité qui plaît infiniment.

Les corbeaux sont des oiseaux remarquables par leur sagacité et leur prévoyance. Je ne me lasse point d'étudier leurs mœurs.

Corbeaux.

Je dois avouer pourtant qu'ils ont souvent mis mes cerisiers à contribution; ils les assiégeaient de grand matin et emportaient un butin considérable. Leur mets de prédilection est la larve du hanneton; ils savent la découvrir par l'odorat, qui est exquis en eux. J'ai vu une prairie qui présentait l'aspect d'un champ brûlé par un soleil ardent; l'herbe fanée et desséchée ne tenait plus à la terre. En l'examinant de près, nous trouvâmes que les racines avaient été rongées par les larves du hanneton, qu'on a découvertes en quantité innombrable plus ou moins profondément enfouies sous terre. Les corbeaux s'étaient donné rendez-vous dans ce champ, où ils déterraient les larves et s'en régalaient avec avidité.

Une saison sèche est un temps de famine pour le pauvre corbeau. On le voit alors rôder partout, cherchant une nourriture précaire, tombant sur les sauterelles et les insectes qu'il peut dépister le long des haies. Si ce n'était le repas qu'il fait à l'aube du jour (car il est très matinal) aux dépens des petits vers qui se trouvent alors à la surface de la terre humide, cet oiseau serait parfois exposé à mourir de faim; et, en effet, plusieurs jeunes corbeaux périrent dans l'été de 1825, année remarquable par ses grandes chaleurs et sa longue sécheresse. Les matinées furent sans rosée, et les vers ne sortaient point de terre. Nous trouvions les petits de ces oiseaux morts sous les arbres. Les pères et mères étaient infatigables dans leurs courses à la poursuite des mouches, qu'ils prolongeaient souvent fort avant dans la soirée et au delà de l'heure ordinaire à laquelle ils se retirent.

Dans ces cas extrêmes, le corbeau, qui de sa nature est carnassier, devient pillard, et s'attaque à nos champs de pommes de terre nouvellement semées; parfois aussi, pendant l'automne, il ne résistera pas à l'appât d'une poire mûre ou d'une noix. Cependant c'est sans raison que le fermier s'acharne à les exterminer, et que, dans le dessein d'épouvanter les autres, il cloue *pour l'exemple* contre la porte de sa grange un criminel pris en flagrant délit. Il arrive bien, il est vrai, à ces oiseaux de manger le grain ; mais leurs dégâts en ce genre sont amplement contre-balancés par le bien réel qu'ils font en détruisant les insectes nuisibles qui s'attaquent aux récoltes. De tous les coléoptères dont ils se nourrissent, le hanneton (*melolontha vulgaris*) est celui qu'ils recherchent avec le plus d'avidité : aussi l'époque à laquelle il paraît est-elle une saison prospère pour toute la famille des corbeaux.

On les trouve partout dans nos pays septentrionaux, où ils vivent en communautés nombreuses. Leur croassement continuel annonce leur présence aux alentours de nos vieux châteaux.

Les corbeaux paraissent avoir un langage à eux, et qui est compris par la race tout entière. Une seule note de celui qui est posté en sentinelle pour avertir la troupe que le danger est proche suffit pour leur faire prendre le vol immédiatement, et toujours dans une direction opposée à celle où l'ennemi est signalé. Lorsqu'un des leurs vient à être tué ou blessé par un coup de fusil, ils manifestent une détresse et une sympathie qui a quelque chose de touchant. Loin d'être épouvantés par le bruit ou d'abandonner à son sort leur malheureux compagnon, ils planent dans l'air au-dessus de lui en faisant entendre des cris plaintifs, et se perchent de temps en temps sur les arbres voisins, comme pour s'enquérir de son malheur. S'il n'est que blessé, et qu'il puisse encore se

traîner et battre des ailes, quelques-uns volent un
peu au-devant de lui, et par des cris incessants paraissent l'encourager à les suivre. J'en ai même vu,
lorsqu'un corbeau ainsi blessé à mort a été ramassé
par un de mes fermiers, faire un cercle dans l'air et
venir toucher de près leur infortuné camarade, qu'ils
semblaient vouloir délivrer dans la main même de
son ennemi. Enfin, lorsque l'infortuné délinquant a
été pendu ou cloué à la porte de quelque grange, ses
amis continuent à le visiter, et semblent compatir à
sa fatale destinée.

Mon attention fut souvent attirée par le chant
matinal de quelques oiseaux. L'heure du réveil varie
pour chacune de ces charmantes petites créatures.
La grolle salue peut-être la première l'aube du jour;
mais cet oiseau paraît plutôt se reposer que som-
meiller. Il est toujours vigilant; la moindre alarme
met en émoi toute la communauté. Sa principale
nourriture consiste dans des vers qui rampent sur le
sol humide au crépuscule, et qui se retirent avant
la lumière du jour; la grolle, alors juchée sur le
sommet des plus hauts arbres, aperçoit les premiers
rayons du soleil sur l'horizon, et fond sur sa proie.

Le rouge-gorge, curieux et affairé, est aussi en
mouvement à cette heure matinale. Il est le dernier
à se retirer le soir, alors que la chouette et la chauve-
souris parcourent les airs. Il paraît avoir peu besoin
de repos; son œil vif et pénétrant semble organisé
pour recevoir les plus faibles rayons de lumière. Les
vers, son mets favori, échappent rarement à ses

recherches. La douce mélodie du troglodyte vient
ensuite charmer l'oreille, au moment où il commence à se remuer dans son bocage de lierre, et
lorsque le crépuscule cache encore à nos yeux le petit
ménestrel. Le moineau, blotti dans son trou ou sous
son toit de chaume, voit tardivement arriver le jour,
et il ne se dérange que tard; cependant il a l'air de

Nid de moineau.

prêter attention à tout ce qui se passe, et nous le
voyons allongeant la tête de son auvent en surveil-
lant curieusement le sol; et si quelque bonne au-
baine se présente, il accourt tout de suite sans scru-
pule, sa familiarité instinctive le mettant à l'aise
partout. Il disparaît de bonne heure le soir. Le merle
quitte son réduit de feuilles dans un vieux frêne et
fait entendre une note sonore jusqu'à ce que, se posant sur le chêne voisin, il salue par un ramage
mélodieux et continu l'arrivée de la lumière. L'a-
louette est dans les airs, l'hirondelle gazouille dans
sa maisonnette de terre; enfin tous les chansonniers

se font entendre, et au milieu de ce concert uni-
versel il devient difficile d'établir la priorité des voix.

Le chant des oiseaux paraît un acte spontané, qui
ne demande aucun effort de muscles, et n'est ac-
compagné d'aucune lassitude ou relâchement dans
les organes de la voix. Dans certaines saisons, le rossignol chantera et le jour et la nuit, sans que pour
cela la puissance des sons en soit affaiblie, ou que
les notes deviennent moins limpides. La grive fait
de même; mais son chant a cela de particulier, qu'il
n'est jamais régulier, chaque individu faisant entendre un impromptu de sa façon. Moins mélodieux que le merle, cet oiseau a une variété de
notes et une puissance de gosier qui le distinguent
parmi nos chansonniers. Le coucou nous fatigue
pendant les longues matinées du mois de mai, par la
monotonie persévérante de sa voix; et quoique d'autres oiseaux soient aussi bruyants que lui, c'est le
seul, du moins en apparence, qui souffre de cette
incessante répétition. Son cri se compose de peu de
notes, qui ne demandent aucun effort extraordinaire
d'articulation; et cependant vers le milieu et la fin
de juin il s'affaiblit, devient rauque, et finit par
s'éteindre.

Les notes si variées des oiseaux ne paraissent être
comprises, à peu d'exceptions près, que par l'espèce
seule qui les a adoptées. Il en est une pourtant, et
une seule, à laquelle tous répondent à l'instant :
c'est celle qui indique le danger. Aussitôt qu'elle se
fait entendre, toute la troupe, de quelque nombre

d'espèces qu'elle se compose, se sépare en répétant un cri sourd et plaintif, et court se cacher dans les buissons voisins. Le cri du pinson est reconnu par tous les petits oiseaux alentour comme annonçant la présence d'un chat ou d'une belette dans le voisinage. On en voit qui gagnent les arbres pour découvrir d'en haut la cause de l'alarme, tandis que le roitelet, caché dans les haies, assemble autour de lui ses voisins, qui, mettant en commun leurs craintes, semblent s'enquérir curieusement du danger qui les menace. Rapide comme l'éclair, l'hirondelle fend les airs, et par un cri aigu annonce à toutes les hirondelles du village qu'un émérillon est proche. La tribu nombreuse des moineaux, des pinsons, des chardonnerets, comprend la note d'alarme, et s'empresse de son côté à fuir le péril qui la menace.

Les oiseaux font le charme de la belle saison ; ils sont comme identifiés avec le printemps, et pendant tout l'été ces charmants petits êtres nous récréent par leurs chants joyeux, leur activité continuelle, leur instinct surprenant. En hiver, au contraire, le silence règne dans nos bosquets : tout au plus une note solitaire et triste, ou un petit cri affamé, nous révèle la présence de quelques-uns, qui viennent quêter auprès de nos champs, de nos fermes et de nos habitations, une part dans notre hospitalité.

CHAPITRE VIII

Organisation particulière des oiseaux. — Son harmonie
avec leur destination et leurs habitudes.

Dieu a voulu que l'air eût sa population, comme la terre solide a la sienne. Il n'a pas voulu que ces hôtes de l'atmosphère fussent en dehors des règles de l'organisation générale des animaux; ce sont donc des corps pesants qui ne sauraient se soutenir dans l'air habituellement et sans effort. Mais ils ont dû pouvoir le traverser facilement et rapidement, pour se porter de l'une à l'autre des cimes qu'ils habitent.

Il leur fallait, pour opérer leur transport, un organe à la fois léger et puissant. Cet organe devait offrir une grande surface pour frapper un large faisceau de colonnes d'air dont la résistance pût équilibrer l'effet de la pesanteur. Il devait se composer de parties fort légères, quoique d'une grande solidité; ces parties devaient donc être creuses et minces,

ou remplies d'une moelle spongieuse recouverte
d'une enveloppe fibreuse mince et très résistante.

Il leur fallait des muscles pectoraux d'une grande
puissance pour mettre en action l'organe du transport; car, pour aider leur pesanteur, les ailes doivent
frapper avec vigueur la masse d'air, qui présente
peu de résistance.

Il fallait que le corps n'offrît en avant que peu de
surface, pour n'éprouver, dans le sens du transport,
qu'une très petite résistance de la part de l'air, tandis qu'il en présente une très grande dans le sens
de la chute verticale, puisque c'est dans ce sens-là
que l'air doit résister. Donc il fallait que la face et la
tête de l'oiseau fussent d'un petit volume; il était
utile que la tête eût la forme d'un éperon qui fendît
l'air, il fallait que les ailes et la queue fussent, pendant le vol, placées de telle sorte, qu'elles offrissent
à l'air leur moindre épaisseur, ou ce qu'on peut appeler leur tranchant.

A ceux qui sont destinés au séjour des plus hautes
régions, il fallait une plus grande légèreté relative;
il leur fallait donc, d'une part, des ailes plus développées, de l'autre, des os plus minces, plus creux
et plus vides, une capacité pulmonaire plus grande.
Dépourvus d'un appareil dentaire propre à diviser
les aliments, obligés de transmettre à l'estomac une
nourriture qui n'a encore subi aucun travail, ils devaient être doués d'une puissance digestive supérieure à la règle commune.

Destinés à ne poser que rarement leur pied sur

terre, et à le fixer habituellement sur des branches
d'arbres ou sur d'autres surfaces étroites et de
formes inégales, ils devaient avoir un pied fort dif-
férent de celui des animaux terrestres. Ce pied devait
être dépourvu de plante, mais composé de doigts
longs et flexibles, mobiles seulement dans le sens
nécessaire pour saisir les corps placés en dessous.
Et si les différentes espèces devaient avoir des habitations différentes, ce pied devait être modifié selon
la nature de ses appuis.

Or tout ce qui devait être, c'est là précisément ce
qui est ; et avec cela beaucoup d'autres choses encore.

Examinons, par exemple, les divers organes des
sens : quelques-uns sont peu développés, parce que
le besoin en est faible; d'autres, au contraire, sont
doués d'une rare perfection, parce qu'ainsi l'exige
la vie de l'animal.

Le goût est fort peu développé, et chez beaucoup
d'espèces il est à peu près nul. Cela tient à ce que
les oiseaux ne mâchent pas leur nourriture, qui
passe dans l'appareil digestif sans séjourner dans la
bouche ; les fonctions du goût n'auraient que peu
ou point d'occasion de s'exercer.

Le toucher paraît un sens assez faible, et l'on ne
voit, en effet, aucune raison qui exige en lui une
certaine perfection ; peut-être cependant jugeons-
nous mal de ce qui existe sous ce rapport.

L'odorat n'est aussi qu'en sous-ordre chez la plupart des oiseaux, et l'on reconnaît que ce sens leur
est assez inutile. On suppose néanmoins aux corbeaux

et aux vautours une délicatesse d'odorat qui serait
particulière à ces deux espèces ; en admettant cette
donnée, on en trouverait aisément la raison. Ces
races, qui se nourrissent de cadavres, devaient être
averties par l'odorat de la présence de cette sorte de
pâture.

Mais la perfection du sens de la vue est vraiment
merveilleuse chez les habitants de l'air ; ils ont le
regard infiniment plus prompt et plus perçant que
les autres animaux, et les effets qu'on en raconte
sont merveilleux. L'aigle, qui vit dans la région des
nuages, reconnaît de loin les animaux qui rampent
sur la terre, et dont il fait sa pâture. Élevé de plus
de quatre kilomètres, le milan se précipite sur un
lézard ou un mulot que son œil a aperçu de cette
énorme distance. Le moineau même aperçoit du haut
d'un édifice ou d'un arbre le grain de millet ou la
miette de pain qui repose dans la poussière et se con-
fond presque avec elle ; il poursuit dans les airs un
moucheron avec une espèce de certitude de l'atteindre. Voyez la poule d'Inde au milieu de ses petits,
regardant le ciel et jetant un cri d'effroi ; ses enfants
aussitôt s'arrêtent et se tapissent sous l'herbe, ou
contrefont les morts. Vous regardez à votre tour ce
qui peut faire l'objet de son effroi, et bien du temps
se passe avant que vous aperceviez sous la nue un
point obscur et vague, dans lequel vous ne distin-
guerez qu'assez tard un oiseau de proie. La poule
l'avait aperçu bien avant que votre regard pût soupçonner sa présence.

L'œil des oiseaux est construit de manière à leur faciliter deux opérations qui semblent tout opposées, celle de voir de très près et de très loin. En général, les oiseaux se servent de leur bec pour se procurer la nourriture qui leur est nécessaire. Or la distance entre l'œil et la pointe du bec est si petite, qu'ils doivent avoir la faculté de discerner les objets de très près. D'un autre côté, appelés à vivre dans l'air libre, et à le traverser avec une grande vitesse, ils ont besoin, afin de pourvoir à leur défense aussi bien qu'à leur nourriture, de la faculté de voir à de grandes distances. La puissance de cet organe suppose dans la rétine une sensibilité extrême ; mais cette qualité et la vive lumière à laquelle leur œil est exposé, exigeaient de la part de la nature quelques précautions conservatrices. Tel est le but de la paupière interne demi-diaphane dont est pourvu l'œil de ces oiseaux.

Que les oiseaux de proie voient distinctement les objets d'extrêmement loin, c'est ce que paraissent prouver les observations suivantes.

En l'année 1778, plusieurs personnes réunies pour une partie de chasse dans l'île de Cussimbussar, au Bengale, tuèrent un sanglier d'une grosseur extraordinaire, qu'ils laissèrent à terre près de leur tente. Environ une heure après l'avoir tué, ils se promenaient à peu de distance de la place où était l'animal. Le ciel était parfaitement clair, on n'y voyait aucun nuage. Une tache obscure qui paraissait au loin fixa leur attention ; elle croissait imper-

ceptiblement et s'avançait droit à eux. Quand elle se
fut approchée, ils reconnurent que c'était un vautour qui volait à tire-d'aile et en droite ligne vers
l'animal mort. Il se posa enfin sur le corps et assou-
vit sa faim vorace. En moins d'une heure, soixante-
dix autres vautours arrivèrent de tous les points du
ciel, quelques-uns de l'horizon, le plus grand nombre des régions supérieures, où quelques minutes
auparavant on ne pouvait rien apercevoir.

Transportons-nous dans la Syrie ; la situation
d'Alep, qui fait qu'on la distingue au loin, y amène
une multitude d'oiseaux et offre aux curieux un
amusement assez singulier. Si vous allez après
dîner sur les terrasses qui recouvrent les maisons,
et que vous fassiez le geste de jeter du pain, aussitôt
des troupes nombreuses d'oiseaux vous entourent,
quoique l'instant d'auparavant vous n'en pussiez
découvrir aucun. Les oiseaux planent habituellement au haut des airs, et se précipitent en un moment pour saisir, en volant, les morceaux de pain
que les habitants s'amusent à leur jeter. Souvent,
aux environs d'Alep, on voit fondre les oiseaux de
proie sur le gibier récemment tué, sans qu'il ait eu
le temps de se corrompre, ce qui conduit à penser
que la vue de ces oiseaux est singulièrement perçante. C'est au reste ce qu'indique suffisamment la
disposition extérieure de leur œil, dont la cornée est
presque plate, forme mathématique qui a la propriété d'étendre la portée de la vue.

CHAPITRE IX

Conformation particulière du bec et des ongles
dans certains oiseaux.

C'est une loi invariable dans la création, comme
nous l'avons déjà remarqué, que chaque animal se
trouve pourvu d'organes en rapport avec ses moyens
de conservation et avec le genre de nourriture qui
lui est propre. Le bec-croisé (*loxia curvirostra*)
nous en fournit un exemple remarquable dans la
curieuse conformation de son bec. Le docteur Townson [1] a observé que les becs de quelques oiseaux
sont si irréguliers dans leurs formes, et dans des pro-
portions tellement démesurées, qu'au premier abord
on serait tenté de supposer que la nature s'est jouée
d'eux, et qu'au lieu de leur accorder un organe
utile pour leur conservation et leur défense, elle ne

[1] Voyez ses *Observations sur l'histoire naturelle.*

leur a laissé, par dérision, qu'une protubérance incommode et disgracieuse. Cependant il suffit d'examiner attentivement la structure des différentes parties qui composent l'organisation animale, pour se rendre raison de ces irrégularités apparentes, et pour se convaincre qu'elles sont merveilleusement adaptées aux fonctions diverses auxquelles elles doivent concourir. Le bec de l'oiseau en question est unique dans son genre, comme le remarque le docteur Townson; car les deux mandibules, au lieu d'être posées horizontalement l'une sur l'autre, passent, dans presque toute leur longueur, à côté l'une de l'autre, comme deux lames de ciseaux.

Cette singulière construction suppose une destination particulière, et non pas celle qu'on lui a attribuée à tort, de servir à couper de petites branches d'arbre, mais bien pour trouver la nourriture que ces oiseaux recherchent. Les grandes forêts de sapins d'Allemagne sont le séjour habituel des becs-croisés, et la conformation de leur bec les aide à extraire les graines qui se trouvent entre les écailles solides des cônes de pin qui abondent dans ces lieux. Voici comment ils opèrent. Ils commencent par se percher en travers sur le cône, puis ramènent les deux mandibules de leur bec au-dessus l'une de l'autre; et cet organe, se trouvant alors plus rétréci, s'insinue facilement entre les écailles. Ils ouvrent alors leur bec, non de la manière ordinaire, mais en écartant latéralement la mandibule supérieure, afin de briser les écailles. Cela fait, les pointes des man-

dibules se recroisent l'une sur l'autre, pour ramasser
les graines qui se trouvent alors détachées.

1 Bouvreuil commun.   2 Chardonneret commun.

Le chardonneret, au contraire, a le bec extrêmement fin et pointu, afin de pénétrer dans les têtes
des chardons et autres plantes, pour s'emparer des

graines. Quoi de mieux conçu que le bec des bécasses
et des bécassines, pour s'insinuer dans la mousse et
les terres molles, où elles trouvent leur nourriture?
Et la mandibule supérieure de l'aigle, des éperviers
et de toute la tribu des oiseaux rapaces, dont la forme
crochue est destinée à déchirer une proie? Les becs
des oiseaux qui vivent de mouches ou d'insectes,
ou qui fréquentent les boues marécageuses, sont
parfaitement appropriés à leur genre de vie. Cela se
remarque surtout dans la classe des canards. Blumenbach prétend que ces oiseaux possèdent vérita-
blement l'organe du goût, et qu'il réside dans la
peau molle que recouvrent leurs becs garnis de très
forts nerfs cutanés, dont la sensibilité est très grande.
Aussi voyons-nous les canards, lorsqu'ils cherchent
leur nourriture dans les bourbiers, se servir de leur
bec comme d'une sonde, alors qu'ils ne peuvent
être guidés ni par la vue ni par l'odorat.

Les merles, qui se nourrissent de limaçons, font
preuve d'un instinct remarquable pour briser ces
coquillages. J'ai eu souvent occasion de remarquer des
débris de ces derniers entre deux pierres saillantes,
dans une allée de jardin. Enfin j'ai aperçu un merle
tenant entre son bec un limaçon, qu'il déposa dans
le creux formé entre les deux pierres, et sur lequel
il frappa du bec jusqu'à ce qu'il l'eût cassé; il se
régala ensuite de la chair du limaçon. La sagacité de
cet oiseau lui suggéra cet expédient, qui trouvait
un point d'appui pour le coquillage, qu'il ne serait
jamais parvenu à briser sans cela.

Lorsque le vanneau cherche sa nourriture, il choisit le lieu où il aperçoit des signes évidents de la présence du lombric ou ver de terre, et frappe le sol avec ses pattes. L'oiseau continue ce mouvement durant quelque temps, et attend avec patience que le ver, effrayé par l'ébranlement de la terre autour de lui, sorte de son trou pour s'en emparer au même instant. Le vanneau fréquente aussi les lieux où les taupes font leurs trous, parce que ces animaux, qui dans leurs courses souterraines sont toujours à la piste des lombrics, les forcent à revenir à la surface de la terre, où ils deviennent la proie facile du rusé vanneau.

Dans le cours de mes études et de mes observations en histoire naturelle, je n'ai jamais perdu de vue ce principe invariable, que tout être se trouve créé dans les conditions les plus convenables pour la position qu'il doit occuper, et de la manière la mieux adaptée à ses habitudes et à ses besoins ; enfin, que dans ce qui nous paraît souvent superflu ou nuisible, on découvre un but utile, sans que pour cela les moyens de l'atteindre soient toujours faciles à reconnaître de prime abord. Dans cette conviction, j'ai cherché depuis quelque temps à m'expliquer l'utilité de l'ongle postérieur et démesurément long de l'alouette, qui ne lui sert ni pour gratter la terre, où elle ne cherche pas sa nourriture, ni pour se tenir sur les arbres, où elle ne juche point [1].

---

[1] La Providence a merveilleusement arrangé toutes choses pour le bien-être de ses créatures. Lorsqu'un oiseau est juché, cette

Un peu d'observation a suffi pour m'éclairer à cet égard. L'alouette fait son nid ordinairement dans les prairies, où il est exposé à être foulé aux pieds par les bestiaux ou à périr par la faux des moissonneurs.

Alouette des champs.

En cas d'alarme, ces oiseaux emportent leurs œufs dans un endroit plus retiré, et c'est au moyen de cet

position, d'après la conformation particulière des muscles des cuisses et des pattes, contracte les griffes de manière à leur donner une forte prise sur la perche ou l'arbre sur lequel il est posé. Sans cette disposition, l'oiseau serait à chaque coup de vent en danger d'être précipité à terre pendant son repos.

ongle allongé qu'ils viennent à bout de les transporter sûrement. L'œuf de l'alouette est très grand
par rapport au corps de cet oiseau ; mais si elle le
place entre ses pattes, on verra que les ongles, en
se refermant, le couvrent tout entier. Ce fait intéressant dans l'histoire de l'alouette m'a été confirmé
par plusieurs personnes qui en avaient été témoins.

Peu d'oiseaux montrent autant d'attachement
qu'elle pour sa jeune couvée. Un de mes moissonneurs trouva un jour sous sa faux un nid d'alouette
contenant plusieurs petits nouvellement éclos. Selon
mon désir, il les respecta, et se contenta de les observer attentivement. Il vit le mâle et la femelle, à
différentes reprises, venir transporter les petits dans
leurs pattes en lieu de sûreté. La même chose a été
observée par un de mes amis, à qui je dois la connaissance de plusieurs faits curieux d'histoire naturelle ; mais dans cette occasion il y eut un incident
tragique. Le père ou la mère qui emportait un petit
dans ses pattes, les forces lui manquant en route, le
laissa tomber d'une hauteur d'environ dix mètres.
Le cri perçant que les oiseaux firent entendre attira
l'attention de mon ami. Le petit n'avait que huit à
neuf jours, et fut tué par la chute.

Combien de fois ai-je voulu suivre de l'œil cet
intéressant oiseau, lorsque, s'élevant verticalement
vers le ciel, il faisait entendre son chant mélodieux
et continu ! Rien alors ne semble le distraire, si ce
n'est la voix de sa compagne ; et alors il descend
rapidement des hauteurs aériennes, et, rasant la

terre de près, il parcourt dans son entier le champ
où est déposée la jeune couvée, et auprès de laquelle
il ne se pose qu'à quelque distance pour ne pas appeler les regards sur elle. Sans cette manœuvre, son
nid deviendrait aisément la proie de tous les petits
maraudeurs des environs. L'alouette a toujours été
mon oiseau de prédilection, et malgré tout ce que les
poètes ont redit du rossignol, on l'écoute peut-être
avec plus de plaisir pendant son vol joyeux qu'aucun
autre chantre de nos bosquets. Elle est du petit
nombre des oiseaux qui chantent en volant; plus
elle s'élève, plus elle renforce sa voix, et souvent
à tel point que, quoiqu'elle se soutienne au haut
des airs à perte de vue, on l'entend encore distinctement.

Le poète Ronsard a plaisamment imaginé, selon
le goût naïf de son siècle, de faire passer dans ses
vers une imitation des sons que fait entendre l'a-
louette dans son ascension aérienne :

> Elle, guindée du zéphyre
> Semblable à lui, vire et revire
> Elle y déclique un joli cri
>   Qui rit
>   Guérit
>   Et tire l'ire
> Des esprits mieux que je n'écris.

L'alouette chante rarement à terre, où elle se pose
néanmoins lorsqu'elle ne vole point; aussi ceux qui
la tiennent en cage ont-ils soin d'y mettre une
couche épaisse de sablon où elle puisse se poudrer à

son aise, et de n'y pas laisser de bâton en travers ;
car la conformation toute particulière de l'ongle postérieur l'empêche de s'y accrocher ; c'est à cause
de cela probablement qu'elle ne se perche pas sur
les arbres.

CHAPITRE X

Migration des oiseaux.

Rien de plus remarquable dans les mœurs des oiseaux que cet instinct qui porte plusieurs d'entre eux à changer de climat suivant les saisons, pour revenir ensuite aux mêmes endroits qu'ils ont quittés, après avoir visité dans l'intervalle des régions lointaines et inconnues pour eux.

Quelques espèces émigrent ainsi pour fuir le froid ou pour chercher une température moins élevée, et vont dans le midi ou dans le nord pour pondre ou pour y passer le temps de la mue ; les insectivores vont à la recherche d'une nourriture plus abondante. Ils s'assemblent poussés par un instinct aveugle, qui se développe indépendamment de tout ce qui peut influer dans le moment sur le bien-être de l'animal. Ainsi, dans des expériences faites sur quelques oiseaux voyageurs de nos pays, on a vu ce besoin se manifester avec force à l'époque ordinaire, bien qu'on eût pris soin de maintenir autour de ces animaux une température constante, de leur donner une nourriture convenable, et qu'on eût eu la précaution de choisir de jeunes individus qui n'avaient pas encore pu contracter l'habitude des migrations.

Lorsqu'ils changent de climat, ils n'attendent pas pour partir que le froid leur soit devenu insupportable, et ils ne sont pas repoussés peu à peu vers le midi par les empiétements de l'hiver ; mais ils le précèdent, et se transportent tout de suite et presque tout d'une traite dans les régions tropicales. Souvent on les voit revenir au printemps, lorsque la température est encore au-dessous de ce qu'elle était au moment de leur départ.

On remarque, en général, que ce phénomène coïncide avec des variations atmosphériques, et que le moment de l'arrivée et du départ est souvent avancé ou retardé, suivant que la saison froide se prolonge ou s'abrège. La course sera aussi accélérée ou ralentie par la direction du vent. Quoiqu'il nous arrive rarement de voir ces oiseaux dans leur passage, parce qu'ils voyagent beaucoup la nuit, cependant j'ai souvent remarqué, dans le calme d'une belle soirée de novembre, la roselle ou grive rouge et la grive du genévrier voyageant haut dans les airs, et guidées dans leur course par celles d'entre elles qui servaient de chefs ou conducteurs, et dont j'entendais les cris de ralliement jetés à la troupe

éparse. Ces avant-gardes sont probablement composées de vieux oiseaux, qui connaissent les pays
qu'ils traversent, et qui reviennent trouver des lieux
favoris.

L'époque à laquelle ces oiseaux voyageurs arrivent dans nos pays ou les quittent varie suivant les
espèces ; ceux qui sont originaires des régions les
plus septentrionales de l'Europe nous viennent à la
fin de l'automne ou au commencement de l'hiver,
et, dès les premiers beaux jours, fuyant la chaleur
comme ils avaient fui l'excès du froid, retournent
vers le nord pour y faire leur ponte. D'autres oiseaux qui naissent toujours dans nos contrées, et
qui doivent par conséquent être considérés comme
essentiellement indigènes, nous quittent en automne,
et, après avoir passé l'hiver dans les climats chauds,
reparaissent parmi nous au printemps ; ou bien,
évitant au contraire la chaleur modérée de notre
été, émigrent alors vers les régions arctiques. Enfin
on en voit qui ne séjournent jamais dans nos contrées, et qui, dans leurs migrations annuelles, ne
font qu'y passer. L'époque de l'arrivée et du départ
de ces voyageurs est en général déterminée d'une
manière très précise pour chaque espèce, et les
chasseurs peuvent compter sur l'arrivée de tels ou
tels oiseaux comme sur une rente dont les termes
écherraient à jour fixe. Ordinairement les jeunes
oiseaux ne se mettent en route que quelque temps
après les adultes. Les oiseleurs remarquent que
chez quelques espèces, telles que le rossignol, la

fauvette et autres, les mâles précèdent les femelles
de quelques semaines.

Certains oiseaux effectuent leurs migrations iso-
lément, ou réunis seulement par paires; mais, dans
l'immense majorité des cas, ils se rassemblent en
troupes plus ou moins nombreuses, et voyagent de
conserve. On les voit alors prendre tous leur essor
au même instant et se suivre dans un ordre déterminé. Souvent ils paraissent se laisser guider par
des chefs, et les espaces qu'ils parcourent sont très
considérables. Ce charmant petit oiseau, le roitelet
commun (*motacilla regulus*), lorsqu'il séjourne
parmi nous, passe sa vie à voltiger d'un arbre à
l'autre, sans songer à étendre plus loin ses courses
aériennes. Arrive l'époque de la migration, notre
aventurier franchira sans crainte des espaces considérables, tel que celui qui sépare les îles Orkney des
îles Shetland, au-dessus des mers orageuses, et où il
lui sera impossible de se reposer dans son long trajet.

Chaque année, des légions innombrables d'oiseaux
traversent la Méditerranée pour passer d'Europe en
Afrique, ou pour suivre la route inverse : nos hirondelles, par exemple, hivernent au Sénégal et
dans d'autres contrées de l'Afrique, et se répandent
pendant l'été dans toute l'Europe. Ces petits oiseaux,
par un instinct que nous ne pouvons comprendre,
savent au printemps suivant retrouver les lieux où
ils ont déjà niché, et y reviennent toujours. On s'est
assuré de ce fait curieux en attachant à la patte de
plusieurs hirondelles de petits brins de soie pour

constater leur identité. Elles construisent leur premier nid dans le voisinage de celui où elles sont
nées ; l'hirondelle de cheminée bâtit chaque année
le sien au-dessus de celui de l'année précédente, et
l'hirondelle de fenêtre s'établit dans celui qu'elle
avait quitté à l'automne. Spallanzani a vu, pendant
dix-huit années consécutives, les mêmes couples
revenir à leurs anciens nids sans presque s'occuper
de les réparer. Les hirondelles montrent aussi dans
d'autres occasions la singulière faculté de se diriger
vers un lieu déterminé dont elles sont séparées par
une distance considérable ; si l'on transporte au loin
une couveuse renfermée dans une cage et qu'on lui
donne sa liberté, elle s'élève d'abord très haut
comme pour examiner le pays, puis se dirige en
ligne droite vers l'endroit où elle a laissé sa couvée.
Spallanzani a répété avec succès cette expérience à
diverses reprises, et a vu un couple d'hirondelles de
rivière qu'il avait transporté à Milan se rendre en
treize minutes auprès de ses petits laissés à Pavie.

On connaît ces vers charmants de Racine le fils
sur les migrations des oiseaux :

Ceux qui, de nos hivers redoutant le courroux,
Vont se réfugier dans les climats plus doux,
Ne laisseront jamais la raison rigoureuse
Surprendre parmi nous leur troupe paresseuse.
Dans un sage conseil par les chefs assemblé,
Du départ général le grand jour est réglé ;
Il arrive ; tout part :.le plus jeune peut-être
Demande, en regardant les lieux qui l'ont vu naître,
Quand viendra le printemps par qui tant d'exilés
Dans les champs paternels se verront rappelés.

« Nous avons vu, dit M. de Chateaubriand, quelques infortunés à qui ce dernier trait faisait venir les larmes aux yeux. Il n'en est pas des exils que la nature prescrit, comme des exils commandés par les hommes. L'oiseau n'est banni un moment que pour son bonheur ; il part avec ses voisins, avec son père et sa mère, avec ses sœurs et ses frères ; il ne laisse rien après lui ; il emporte tout son cœur. La solitude lui a préparé le vivre et le couvert ; les bois ne sont point armés contre lui ; il retourne enfin mourir aux bords qui l'ont vu naître ; il y retrouve le fleuve, l'arbre, le nid, le soleil paternels. Mais le mortel chassé de ses foyers y rentre-t-il jamais ? Hélas ! l'homme ne peut dire en naissant quel coin de l'univers gardera ses cendres, ni de quel côté le souffle de l'adversité les portera. Il ne trouve pas, ainsi que l'oiseau, l'hospitalité sur la route ; il frappe, et l'on n'ouvre pas ; il n'a, pour appuyer ses fatigues, que la colonne du chemin public, ou la borne de quelque héritage. Souvent même on lui dispute ce lieu de repos, qui, placé entre deux champs, semblait n'appartenir à personne. N'espérons donc que dans le ciel, et nous ne craindrons plus l'exil ; il y a dans la religion toute une patrie. »

PROMENADE

ENTOMOLOGIQUE

OU

ENTRETIEN SUR LES PARTICULARITÉS LES PLUS REMARQUABLES
DE L'HISTOIRE NATURELLE DES INSECTES

————◦◦◦◦————

UTILITÉ QUE PRÉSENTE L'ÉTUDE DE L'HISTOIRE NATURELLE
DES INSECTES

————

LE PÈRE, ARTHUR, RICHARD

LE PÈRE

La fraîcheur la plus douce remplace la température ardente d'une de nos plus brûlantes journées
du mois de juin; laissez là vos livres, mes petits
amis, et commençons notre promenade du soir.

Nous allons lire quelques pages du grand et admirable livre que la nature développe à nos yeux, et
vous ne pourrez vous empêcher de remarquer, sur
ces feuillets négligés par tant d'hommes, des traits

frappants et nombreux de la grandeur, de la magnificence, de la bonté, de la puissance et de la providence de Dieu, l'auteur de la nature. En recueil-
lant précieusement ces traits dans votre mémoire,
vous les laisserez descendre jusqu'à votre cœur,
comme la semence des plus purs sentiments d'amour
et de reconnaissance. Plus on étudie la nature, plus
on l'aime, plus aussi l'on est porté vers son auteur
par l'admiration et par un saint enthousiasme, qui
vous force à traduire les sentiments de l'âme en
hymnes de respect et d'adoration. La gloire de Dieu
est écrite en lettres d'or à la voûte du ciel, et les
étoiles brillantes en sont les resplendissants caractères; elle se reflète sur la terre dans un jour calme
et serein; la mer dans ses fureurs, ou dans ses har-
monieux soupirs, la raconte au cœur de l'homme
impressionnable aux grands spectacles, et, dans le
concert magnifique de tous les êtres appelés à la
vie, le petit insecte qui bourdonne sous l'herbe, qui
voltige sur les fleurs, ou qui bruit dans le silence
des forêts, nous raconte aussi la magnificence de
Celui qui a bien voulu l'appeler à l'existence.

Les anciens disaient : *La nature est surtout admirable dans les petites choses* [1]; et nous, nous di-
rons : *Que Dieu soit loué dans toutes les œuvres
de ses mains!* L'organisation seule de ces petits
animaux, examinée par un œil attentif, suffirait
pour exalter l'imagination la plus froide, et pour

[1] Natura maxime miranda in minimis.

exciter l'intérêt dans l'esprit le plus distrait ou le plus indifférent. En effet, que de ressorts multipliés, que de combats et de résistances, que de modifications dans les appareils et dans les produits qui en découlent! que de fonctions compliquées se trouvent nécessitées dans l'acte complexe que nous avons appelé *la vie!* Il suffit d'y réfléchir quelques instants pour être frappé de tout ce qu'il y a de vraiment merveilleux dans la structure, dans les phénomènes qui en résultent, et dans toutes les facultés accordées aux frêles animaux qui vont faire le sujet de quelques-uns de nos entretiens de promenade.

ARTHUR

Cher père, il y a quelques jours, un de vos amis disait en parcourant les boîtes où sont rangés vos insectes, que l'entomologie est une connaissance futile, et qu'elle ne procure que des amusements frivoles.

LE PÈRE

Je l'avoue, mon cher Arthur, beaucoup de personnes, qui ne savent pas apprécier les choses qu'elles ignorent, répètent souvent que l'étude des insectes n'est qu'un amusement futile. Je le veux bien accorder, l'étude de l'entomologie peut être un amusement pour les gens superficiels, c'est-à-dire qu'elle leur procure des connaissances qui, loin de fatiguer, occupent agréablement leur esprit; mais quand on veut aller jusqu'au fond, quand on veut

étudier dans l'intérieur du corps des insectes l'ana-
tomie merveilleuse de leurs différentes parties, quand
on y examine les mystères de la vie, l'entomologie
s'élève facilement au rang de ces hautes sciences,
celles qu'on est convenu d'appeler importantes. Elles
n'ont pas toujours, comme en celle-ci, leurs abords
ornés de fleurs; il faut, pour les acquérir, marcher
par des sentiers où l'on se déchire, où souvent l'on
se heurte; les grands travaux de l'intelligence n'ont
pas tous pour eux les charmes ni l'agrément; l'im-
périeuse nécessité enchaîne beaucoup d'hommes, et
bien des fronts suent de fatigue et d'efforts pour
conquérir une science indispensable dans la société.
Mais, chers enfants, faudra-t-il mépriser un petit
filet d'eau qui glisse modestement entre deux rives
étroites, qu'il embellit de sa fraîcheur féconde, parce
que nous entendons à quelque distance le bruit des
flots qui se brisent sur des falaises abruptes et déchirées, ou qui viennent expirer sur des dunes sèches
et arides, ou bien celui de ce ruisseau transformé en
rivière impétueuse?

L'étude de l'entomologie, pour l'enfant, tout en
amusant l'esprit, peut lui rendre les plus grands
services, parce qu'elle développe ses connaissances,
qu'elle lui donne plus d'ordre et de méthode, qu'elle
le rend plus attentif et plus observateur; enfin,
parce qu'en piquant sa curiosité, elle stimule le désir
d'apprendre. Si c'est un des avantages les plus importants, et le moins apprécié peut-être, de l'art du
dessin, pour la plupart des personnes qui le cul-

tivent; que de rendre l'œil plus clairvoyant et l'esprit plus observateur, nous pouvons le dire assurément avec non moins de vérité de l'aimable science des insectes. Elle exerce l'œil à découvrir des traits qui eussent échappé à l'attention; elle force l'esprit à comparer, à discuter, à juger, à classer, et, par une habitude longtemps contractée, elle le met, pour ainsi dire, dans la nécessité de porter dans toutes ses pensées, dans tous ses projets, dans tous ses travaux, le même esprit d'analyse et d'exactitude. Et puis l'étude de l'entomologie est utile à bien d'autres points de vue. C'est en suivant l'insecte pas à pas qu'on découvre ses mœurs et que souvent on peut remédier aux maux qu'il cause à l'agriculture. On sait, et c'est beaucoup, où il faut aller frapper l'ennemi pour le détruire dans son germe. Quelquefois d'autres espèces sont appelées à rendre de grands services, et pour le protéger et aider à sa propagation, il faut connaître sa manière de vivre, ses habitudes tant à l'état parfait qu'à l'état de larve. On ne se laissera pas rebuter par ce que des hommes moins sévères pourront appeler des minuties et des bagatelles; on a compris que ce qui souvent est dédaigné comme d'une importance secondaire peut néanmoins quelquefois être plus nécessaire que ce qui est considéré comme indispensable. Ce n'est point l'éclat de la corolle, le velouté des feuilles, la grâce du port, la grandeur de la tige, qui déterminent le botaniste dans ses classifications : ce sont des parties bien plus importantes, quoi-

qu'elles échappent presque toujours aux yeux distraits du vulgaire. En somme, mes chers enfants,
l'étude de l'entomologie, ne servît-elle qu'à rendre
l'esprit plus attentif, qu'à l'exercer dans l'observation et l'analyse, ne devrait pas être considérée
comme un amusement futile, mais comme le plus
utile et le plus profitable des amusements. Science
humble, l'entomologie cache ses avantages sous des
charmes modestes, et bien des esprits qui la dédaignent s'éprendraient pour elle s'ils pouvaient la
connaître ; car elle n'a besoin que d'être connue pour
être aimée. Je ne veux pas m'étendre davantage ;
l'ardeur que vous montrez pour l'étude des insectes
portera ses fruits un peu plus tard, et vous pourrez
apprécier par votre propre expérience les avantages
que je n'ai fait que vous indiquer ici.

RICHARD

J'ai remarqué que ce jeune homme de vos amis,
dont parlait Arthur, ne disait pas seulement que
l'entomologie est un amusement futile, il ajoutait
encore qu'elle ne saurait procurer aucun des avantages qu'il nommait *positifs*. Je n'ai pas oublié
qu'il comparaît l'entomologie à la physique, à la
chimie, à la mécanique, qui dans notre siècle ont
rendu les plus grands services à la société. Il ne pouvait trouver des termes assez emphatiques pour les
louer, tandis qu'il semblait sourire de dédain en
prononçant seulement le nom d'*entomologie*.

LE PÈRE

La comparaison, mes petits amis, est sans doute fort utile pour trouver la vérité; c'est même le seul moyen de trouver la vérité absolue : mais combien de fois ne se laisse-t-on pas entraîner par le plus et le moins! Combien dans la nature trouvons-nous d'objets dont l'importance est purement relative ! et raisonnerait bien mal qui les prendrait pour moyen terme d'une conclusion générale. Parce qu'une chose est relativement très utile, est-ce à dire pour cela que telle autre chose n'offrira aucune utilité?

Les hautes sciences, dont vous avez si bien retenu les noms, mon cher Richard, ont sans contredit une très grande importance, et on ne se tromperait pas en disant qu'elles exercent aujourd'hui une très grande influence sur la société. Pour nous, sans vouloir établir de comparaison, nous montrerons, comme je vous l'ai déjà laissé entrevoir, que la science parfois si calomniée de l'entomologie a rendu de son côté d'éminents services à l'industrie et aux arts. Si l'utilité et les *avantages positifs* sont nécessaires pour faire accorder à l'entomologie un rang honorable parmi les autres sciences humaines, nous pensons qu'il ne lui sera pas refusé sans injustice.

Si l'on n'eût jamais observé les chenilles, eût-on découvert celle qui fournit tant à notre luxe et à nos besoins? Sans les efforts louables d'entomologistes distingués, eût-on perfectionné les procédés d'éducation des vers à soie? eût-on songé à établir ces

belles magnaneries si artistement disposées pour
leur prompt développement ? Il avait fallu étudier
patiemment les mœurs et les habitudes de ces pré-

Intérieur d'une magnanerie.

cieuses chenilles, apprécier toutes les conditions de
salubrité, de propreté, de température qui leur sont
indispensables. Ne savons-nous pas que plusieurs
entomologistes célèbres appliquent leurs recherches

aussi actives que patientes au moyen de les préserver ou de les guérir d'une maladie, la *muscardine,*
qui en détruit un si grand nombre, et souvent en
quelques jours fait évanouir l'espérance des travaux
de plusieurs semaines? C'est encore à ces hommes
que l'on doit l'introduction de certaines chenilles,
plus robustes, destinées à remplacer le ver à soie
proprement dit. Encourageons les efforts de ces
hommes, voués à l'étude pour favoriser le développement d'une de nos principales branches de commerce, qui donne la vie et l'occupation à tant de
bras, et alimente un si grand nombre de manufac-
tures. N'est-ce pas encore à ces savants que l'on a été
demander le secret de la vie de ce terrible fléau, en-
voyé par le bon Dieu sur les vignes, du phylloxera, et,
grâce à eux, on est parvenu à combattre un certain
nombre d'insectes nuisibles, par d'autres insectes,
leurs ennemis, qui restent inoffensifs pour nous?

ARTHUR

Quand on me parle des avantages que l'homme
peut retirer des insectes, mon esprit se porte malgré
moi vers les abeilles, et me rappelle les lois de leur
petite république et leur merveilleuse industrie. J'ai
été tellement frappé du beau spectacle dont vous
m'avez rendu témoin il y a quelques jours, que je
n'ai point oublié l'utilité que nous retirons de leurs
provisions et de leurs travaux. Vous me faisiez voir
avec votre *loupe* leurs ailes composées d'une gaze
transparente et polie, traversées de nervures déli-

cates ; leurs gros yeux formés de petites facettes, et
sur le milieu de leur front trois petits yeux lisses et
polis. J'admirais la beauté et l'éclat de ces cinq yeux,
quand tout à coup vous m'avez fait voir une partie
du corps ornée des couleurs les plus vives, des
nuances les plus riches, des teintes fondues avec la
plus surprenante harmonie. Je n'en croyais pas mes
yeux. Et comment, en effet, comprendre une pareille dépense d'or, d'argent, d'azur, de rubis,
d'émeraudes, de diamants, pour orner un être si
peu important ? Je n'ai pas oublié que vous m'avez
promis en même temps de me montrer plus tard les
panaches, les aigrettes et plusieurs autres ornements
qu'on remarque sur la tête des mouches et de quelques autres insectes.

RICHARD

Tu n'as pas oublié non plus, je pense, combien
nous semblait délicieux le miel doré qui se trouvait
encore dans les gâteaux de cire, et quel plaisir on
nous a procuré en nous conduisant dans une métai-
rie où l'on faisait la récolte du miel.

ARTHUR

Mais, mon père, comment a-t-on pu apprivoiser
ces petits animaux si utiles ?

LE PÈRE

La cire et le miel ont pour nous des points d'utilité réelle. Ceux qui ont observé ces insectes indus-

trieux dans les forêts où ils déposent leurs gâteaux
dans de vieux troncs d'arbres, ont songé à en faire
des animaux domestiques ; ils les ont transportés
dans les jardins ou dans les environs des maisons,
pour les faire multiplier davantage et pour profiter
du fruit de leurs travaux. Ils nous ont ainsi rendu
de très grands services.

RICHARD

Mon père, vos abeilles vous ont toujours beaucoup intéressé.

LE PÈRE

Oui, mes abeilles sont pour moi une source féconde
d'amusement : plus j'étudie leurs mœurs, plus je
me sens porté à admirer la merveilleuse sagacité
dont elles font preuve. Ce qui m'intéresse surtout,
c'est le pouvoir qu'elles ont de se communiquer
entre elles leurs projets par un langage ou des
moyens qui nous sont inconnus, ce qui a lieu surtout lorsqu'elles se préparent à essaimer. On voit
alors partir quelques individus qui vont en éclaireurs
reconnaître le terrain. Ceux-ci planent pendant quelque temps au-dessus de quelque buisson ou branche
d'arbre, et retournent ensuite à la ruche, que peu
après le nouvel essaim quitte pour aller s'y fixer. La
reine, en frottant sa trompe contre ses palpes, produit un son assez clair, que l'on ne peut mieux comparer qu'à celui qu'émet le sphinx tête-de-mort. On
donne à ce son particulier le nom de chant ; lors-

qu'elle le fait entendre, toutes les abeilles prennent une attitude particulière et restent comme immobiles.

On ne sait pas le nombre d'œufs que la reine donne pendant sa grande ponte ; mais il doit être

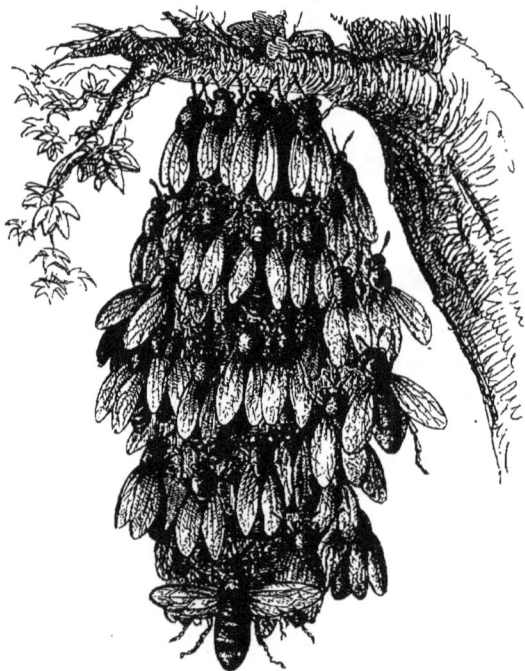

Essaim d'abeilles.

considérable. Réaumur pense que, pendant les mois d'avril et de mai, plus de douze mille œufs ont été déposés par elle dans les alvéoles : ce qui fait deux cents par jour. Elle paraît alors épuisée par ce travail, car les abeilles, qui l'ont constamment entourée pendant sa marche, lui donnent à manger en

lui tendant, au bout de leur trompe, le liquide mielleux contenu dans leur estomac. Cette opération se
répète à plusieurs reprises pendant un certain temps,
après lequel la reine se retire à un endroit de la ruche où les abeilles sont plus nombreuses, et n'en
sort plus que rarement. Son extérieur la distingue
des autres, et il est facile de reconnaître quand elle
quitte la ruche ou qu'elle y retourne. Elle est, en
effet, plus grande et plus élancée que les ouvrières.

RICHARD

Comment se forme la cire chez les abeilles?

LE PÈRE

La cire est une sécrétion qui se forme sous les
écailles du ventre de l'insecte, d'où je l'ai souvent
vue se détacher en s'exfoliant; elle est toujours plus
abondante dans la grande chaleur. Comment le miel
ou le sucre que recueillent ces insectes a-t-il pu se
changer en cette substance? C'est une question in-
soluble. Le mécanisme des sécrétions est un grand
mystère de la physiologie. La vue chez les abeilles
paraît très imparfaite; elles semblent plutôt *sentir*
leur chemin que l'apercevoir. Leur vol, dans lequel
elles parcourent de grandes distances, se fait toujours au retour en ligne directe jusqu'à la ruche,
avec une rapidité extrême. Il est curieux de remarquer avec quel instinct elles sauront tout de suite
distinguer la leur d'avec quarante à cinquante
autres placées à côté. Le poète dit que les odeurs

suaves qu'elle respire sur sa route la guident à sa
demeure. J'ai observé, lorsque j'introduisis dans
mon jardin une nouvelle ruche dont les abeilles venaient de fort loin, que les premiers jours de leur
sortie se passaient non à ramasser du miel, mais à
faire connaissance avec les objets environnants. Les
guêpes, au contraire, paraissent douées d'une meil-
leure vue que les abeilles, et cependant la construction des yeux est analogue chez les unes et chez les
autres. Derham, dans sa *Théologie physique,* remarque que dans l'œil de l'abeille et dans celui de la
guêpe la cornée et les nerfs optiques, étant toujours
à la même distance, ne sont destinés qu'à saisir les
objets éloignés, et non ceux qui sont proches, et
que la construction de cet œil présente l'aspect d'un
curieux treillage formé par plusieurs milliers de
facettes hexagones, ayant chacune son nerf optique,
et qui forment autant d'yeux distincts. Les guêpes
cependant retrouvent avec plus de précision l'entrée
de leurs nids que ne le font les abeilles, lors même,
comme je l'ai souvent remarqué, que le trou qui
leur sert d'entrée se trouve caché dans l'herbe longue
et touffue, et cela à une heure très avancée dans la
soirée.

ARTHUR

Je vous avouerai, mon père, que, malgré l'intérêt que vous m'inspirez pour les abeilles, je n'ose-
rais m'aventurer trop près de leurs ruches.

LE PÈRE

Les abeilles s'irritent facilement, et conservent longtemps du ressentiment envers celui qui les a molestées. Je l'ai éprouvé une fois par rapport à une de mes ruches, dont les abeilles ne m'ont jamais permis d'approcher pendant deux ans, tandis que celles qui avoisinaient souffraient toutes mes familiarités. Je m'étais tellement apprivoisé avec elles, que je suis convaincu qu'elles savaient me distinguer d'avec un étranger. Je me plaçais constamment devant l'entrée de la ruche, et je leur donnais à manger. Elles venaient en nombre considérable voltiger autour de moi et se poser sur ma tête et sur mes mains; aussi notre attachement était mutuel. Ceux-là seuls me pardonneront les heures que j'ai consacrées à leur service, qui ont étudié de près tout ce qu'il y a d'admirable dans l'économie de cette petite monarchie, leur assiduité, leurs travaux infatigables, leur affection pour leur reine, et les nombreux moyens qu'elles imaginent dans l'intérêt de la communauté.

ARTHUR

La reine abeille se distingue-t-elle des autres abeilles par la grosseur de son corps ?

LE PÈRE

L'abdomen de la reine abeille est deux fois plus long que celui de l'abeille ordinaire, et ses ailes sont beaucoup plus courtes que son corps. Comme elle ne

se repose jamais en dehors de la ruche, on ne l'aperçoit que rarement ; cependant il y a un moyen de la
voir, mais qui demande beaucoup d'adresse et d'habitude pour l'employer avec succès : ce moyen consiste à donner quelques coups légers sur les côtés ou
sur le bas de la ruche : la reine paraît aussitôt à l'entrée pour voir la cause de ce bruit, et se retire sur-
le-champ au milieu de son peuple.

RICHARD

Que de choses merveilleuses dans les mœurs des
insectes !

LE PÈRE

Rien n'est plus curieux dans l'économie des insectes que l'infinie variété de formes et de matériaux
qu'ils emploient dans la construction de leurs nids,
et qui sont si bien adaptés aux exigences de leurs
positions. Je possède plusieurs spécimens intéressants
de nids de guêpes, entre autres un qui fut trouvé
sous les ardoises d'un toit à Hampton-Court, et dont
j'ai fait hommage au musée zoologique. Il a près de
six pieds anglais de circonférence [1]. L'ouverture qui
servait d'entrée était consolidée alentour par une
maçonnerie solide et compacte comme le bois. Sans
cette précaution, le frottement constant produit par
la sortie et l'entrée continuelles des insectes l'eût en-

---

[1] Le pieds anglais vaut 0m 304. — Six pieds équivalent donc
à 1m 824.

dommagée. L'extérieur du nid présentait l'apparence
d'une agglomération de petites écailles d'huîtres. Les

Nid de guêpes dans un arbre.

matériaux employés par les guêpes se composent de
râpures de bois et d'écorces broyées. On en ren-

contre dans les trous des vieilles murailles, et, fort souvent, en terre où elles ont construit leur demeure.

Une espèce de guêpe solitaire, la *vespa campanaria,* nous visite de temps en temps ; mais elle n'est pas commune en Angleterre. J'ai trouvé un de ses nids sous une écorce de chêne, et un autre dans la terre. Tous deux me paraissaient construits de petites parcelles raclées ou arrachées du bois de saule, ou d'autres arbres à écorce moelleuse, et cimentées ensemble par un gluten animal. Ils ressemblent beaucoup aux nids des guêpes communes. Cette espèce vit par familles peu nombreuses ; leur habitation est formée de dix à douze cellules qui sont placées au fond d'un vase en forme d'œuf, avec un orifice ou entrée à l'extrémité. Cette partie est protégée par une sorte de coiffe extérieure, autour de laquelle l'air circule et préserve les cellules de toute humidité. Ce nid ressemble dans sa position pendante à quelque fleur ébauchée en papier ; sa structure est d'une forme très élégante et doit exciter l'attention de l'observateur le moins curieux.

RICHARD

Quant à moi, je n'ai aucune prédilection pour les guêpes. Ces insectes me paraissent par leur nature cruels et rapaces.

LE PÈRE

Les guêpes rencontrent à leur tour des persécuteurs. Il ne faut prêter qu'un peu d'attention à ce qui

se passe chaque jour dans le domaine de la nature
pour se convaincre qu'aucun animal, depuis le mons-

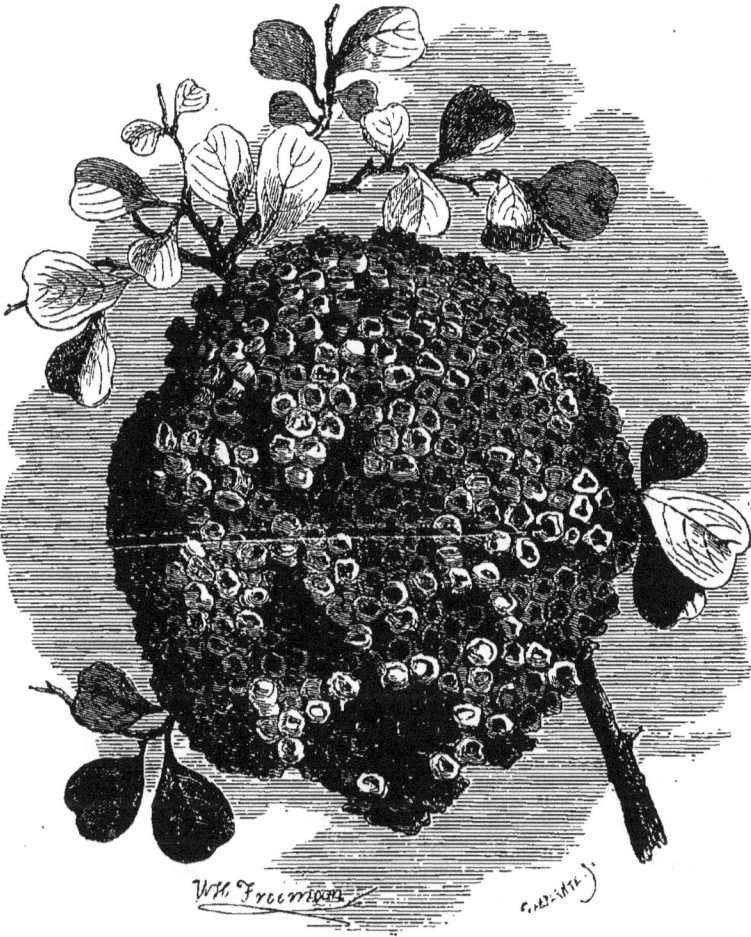

Nid de la poliste pâle.

tre qui habite les profondeurs de l'Océan jusqu'à
l'insecte qui se traîne sur la terre, n'est à l'abri de

l'atteinte ou de la poursuite des autres. Tous obéis-
sent à cette loi de la création. Les plus grands se font
redouter par leur force ; mais aussi ils sont à leur
tour molestés par les plus faibles. Le frelon (*vespa
crebra*) fait preuve d'une férocité et d'une avidité qui
sont rarement dépassées dans les bêtes fauves les
plus voraces. Le murmure de ces insectes résonne
dans nos jardins pendant la saison des fruits. Ils
sucent à longs traits la liqueur sucrée de nos prunes
et de nos abricots ; mais l'objet principal de leur
visite est de s'emparer des guêpes attirées comme
eux par les mêmes appâts. Ils les poursuivent non
seulement sur les fruits, mais jusque dans leur vol,
et les capturent avec une facilité qui semble inexplicable d'après la pesanteur de leur forme, si peu
appropriée à l'agilité de cette course. Ils emportent
leur prise sur quelque plante voisine : là ils commencent par lui ôter la tête et détacher la partie
inférieure du corps. En s'approchant de près on
entend distinctement le bruit qu'ils font avec leur
forte mandibule, par le moyen de laquelle ils ôtent
le corselet, et broyant l'abdomen, le dévorent, ou
bien sucent le suc qu'il contient. Lorsque le raisin
mûrit sur nos treilles, les frelons s'y posent pour
guetter les guêpes qui y abondent, et on les voit
continuellement occupés à saisir ces malheureux
insectes.

La guêpe, à son tour, fait la chasse à la mouche
commune ; mais elle y semble plutôt portée par un
autre instinct que par celui de la faim ; car, après

l'avoir enlevée pour quelque temps dans les airs,
elle la laisse tomber parfois sans y avoir goûté. La
mouche aussi contribue de son côté à la mort de
plus d'un animal ; mais nous ne connaissons point
d'insecte qui fasse sa proie du frelon. Cependant il
doit avoir quelque ennemi redoutable; car il y a des
années où il est très rare. Les frelons sont d'une
humeur fort belliqueuse ; ils s'attaquent mutuellement avec férocité, lorsqu'ils se rencontrent à la
poursuite d'une proie. On voit alors deux combattants
se ruer l'un sur l'autre, chacun essayant d'insérer
ses mandibules sous la tête de son ennemi, pour la
séparer du tronc. J'en ai enfermé deux sous un
verre, et le combat s'est engagé avec tant de fureur,
que l'un et l'autre sont morts des suites de leurs
blessures.

Leurs nids sont vastes. Les cellules sont recou-
vertes d'une substance qui ressemble à du papier
gris. La fécondité de ces insectes est si grande,
qu'une seule femelle donne naissance à toute la colo-
nie, qu'elle fonde à elle seule; elle prépare par ses
seuls efforts les premières cellules des larves, re-
couvertes d'une espèce de toiture en forme d'om-
brelle pour les garantir du froid et de l'humidité.
Les guêpes et les frelons n'ont pas la prévision des
abeilles. Lorsque l'hiver approche, ils se trouvent
sans ressource, n'ayant rien amassé dans leurs greniers. Les vieilles guêpes dévorent alors les petits
qui sont dans les cellules, et le froid fait périr le
reste. En examinant un guêpier vers le commence-

7*

ment de l'hiver, on n'y rencontrera pas un seul insecte ; les femelles ou reines seules se cachent dans
quelque trou de muraille ou de tronc d'arbre pour y
passer la saison rigoureuse, d'où elles reparaissent
au printemps pour .fonder de nouvelles colonies.
Dans les villes elles ne craignent pas d'entrer dans
les appartements, où elles hivernent cachées dans
quelque coin ou dans les tentures.

ARTHUR

Ne devons-nous pas à des insectes quelques-unes
de nos belles couleurs?

LE PÈRE

Je vous faisais connaître dernièrement comment
les anciens se procuraient la belle couleur de la
pourpre. Au milieu des fables qu'il semble prendre
plaisir à raconter, Pline le Naturaliste nous rapporte
comment le hasard fit découvrir cette riche et précieuse couleur. Sur les côtes de Phénicie, un chien
de berger pressé par la faim dévora quelques coquillages abandonnés par la mer sur le sable du rivage.
Quelques instants après, ses lèvres et ses oreilles
parurent teintes des plus belles nuances d'un rouge
vif et pur. Depuis ce temps, la pourpre tyrienne
devint le vêtement exclusif des empereurs et des rois.
« Devant cette couleur précieuse, dit Pline, les
« faisceaux et les haches romaines écartent la foule;
« Elle est la majesté de l'enfance, elle distingue le
« sénateur du chevalier ; au pied des autels, elle

« fléchit les dieux ; nos vêtements empruntent d'elle
« leur éclat ; elle se mêle à l'or dans la robe triom-
« phale : excusons donc la passion folle qu'elle
« inspire. »

Quelque belle que fût la pourpre deux fois teinte
de la Phénicie, nous pouvons assurer, sans craindre
de nous tromper, que nous possédons une couleur
analogue bien supérieure en richesse et en éclat.
A-t-on découvert dans les *murex*, les *buccinum*
et les autres *coquilles purpurifères*, quelques nouvelles espèces moins avares de leur trésor ? ou bien
l'expérience nous a-t-elle enseigné quelque nouveau mode de préparation, quelques procédés plus
parfaits ? Non, c'est un petit insecte, la *cochenille
du nopal*, qui nous procure à peu de frais la plus
somptueuse et la plus estimée des couleurs. La pein-
ture lui a emprunté une de ses couleurs les plus
brillantes et les plus vives, et plusieurs arts savent
apprécier l'utilité du *carmin*.

RICHARD

Outre la *cochenille du nopal*, n'avez-vous pas
dans votre collection d'hémiptères quelque insecte
que vous appelez *kermès* ou *graine d'écarlate*, qui
donne aussi une belle teinte rouge ?

LE PÈRE

C'est vrai, ce petit insecte si singulier par sa
forme qui le fait ressembler plutôt à une excrois-
sance végétale qu'à un véritable animal, vit et se

développe sur une espèce de petit chêne. Pendant
longtemps il a rendu de grands services par sa couleur rouge foncée ; mais il a cessé presque totalement d'être employé, depuis qu'en combinant le
carmin avec une solution d'étain par l'eau régale,
on a obtenu facilement et à moins de frais une belle
couleur rouge écarlate.

Les couleurs dont nous venons de parler sont
dues à la dépouille de l'insecte lui-même; d'autres
sont obtenues de certaines végétations contre nature
produites par de petits hyménoptères. Le *cinips*
cause la plupart de ces tumeurs et de ces excroissances singulières que nous remarquons sur une
grande quantité d'arbres et d'arbrisseaux. L'insecte
est armé d'un instrument particulier à la partie postérieure de son abdomen. Cet instrument consiste
dans une espèce de tarière qui, par un mouvement
spécial que sait lui imprimer le petit animal, s'intro-
duit sous l'épiderme de la tige ou des feuilles. Cette
tarière conduit un œuf et laisse découler une petite
gouttelette d'une liqueur âcre et irritante qui fait
affluer la sève à cet endroit. Le liquide végétal, ainsi
extravasé, abreuve largement l'œuf qu'il enveloppe,
et par une production anormale prépare une nourriture abondante à la larve qui bientôt doit éclore.
On connaît toutes ces excroissances sous le nom de
galles, et on en rencontre fréquemment dans nos
contrées. Ces galles n'ont jamais été employées dans
l'industrie; mais celles qui viennent sur une espèce
de chêne vert (yeuse) de l'Asie Mineure, et princi-

palement des environs d'Alep, servent en teinture
et pour faire de l'encre lorsqu'on les mélange avec le
sulfate de fer ou couperose verte. Qui sait si, en ten-
tant de nouvelles expériences bien dirigées sur les
galles que nous possédons en si grande quantité, on
ne parviendrait pas à réaliser quelques nouvelles découvertes au profit de l'industrie? Les travaux des
entomophiles modernes, dirigés avec tant de soins
et de patience, peuvent nous faire espérer avec fon-
dement des résultats importants et inattendus.

ARTHUR

Croyez-vous qu'on puisse faire encore en entomologie des découvertes utiles, dans le genre de
celles dont vous nous parlez?

LE PÈRE

Je ne saurais répondre à votre question d'une manière bien positive; mais je vous rapporterai le fait
suivant; il suffira pour vous convaincre que des
essais qui au premier aspect paraîtraient bizarres,
peuvent néanmoins produire des résultats étonnants
et auxquels on s'attendait le moins. Il y a quelques
années, les hannetons se multiplièrent en un certain
canton de l'Allemagne au point de détruire les
feuilles de tous les arbres et de causer à la végétation les plus grands dégâts; un savant entomologiste s'imagina de tirer parti du fléau lui-même. Il
fit recueillir une très grande quantité de ces hannetons, et par des procédés simples et peu dispendieux

il parvint à en extraire une huile à brûler de bonne qualité, et dans une proportion assez considérable. Un pareil résultat, quelque remarquable qu'il soit en lui-même, ne saurait avoir de grandes conséquences pratiques; mais il peut nous donner une

Carabe doré dévorant un hanneton.

idée de l'industrie de certains hommes, et nous faire soupçonner qu'il existe dans la nature bien des êtres qui pourraient nous être avantageux, mais dont nous ne savons pas tirer parti.

Dois-je vous entretenir, mes chers enfants, des bienfaits que peuvent nous procurer quelques in-

sectes? Quand les humeurs trop abondantes nous
causent des maladies dangereuses et parfois cruelles
en se portant dans des régions importantes de notre
corps, comment parvient-on à opérer une révolution
salutaire? N'est-ce pas au moyen de la dépouille de
la *cantharide* réduite en poudre fine, dont on fait les
vésicatoires? Que de services nous a rendus ce petit
insecte, et combien de malades iront encore lui demander du soulagement et la guérison de leurs
maux! Mais je ne puis m'empêcher ici, mes petits
amis, de vous faire admirer la générosité de la Providence envers tous les pays et tous les hommes. La
cantharide (*cantharis vesicatoria*) est propre aux
climats tempérés, et se trouve plus rarement dans
les contrées ardentes. Dans plusieurs contrées et surtout dans l'Inde, la cantharide est remplacée par le
genre des *mylabris*, quoiqu'on l'y trouve cependant.
Ces insectes partagent les mêmes propriétés et sont
employés aux mêmes usages.

Depuis le mois de mai jusqu'à la fin d'octobre,
nous rencontrons souvent dans nos campagnes plusieurs espèces du genre *méloë*.

Ces insectes sont revêtus d'une enveloppe bleuâtre,
et sous leurs élytres peu développés on ne voit pas
d'ailes membraneuses. Par de savantes et curieuses
expériences, M. Bretonneau, médecin à Tours, a
démontré que ces insectes, et surtout les parties coriaces des élytres et de l'enveloppe tégumentaire,
possèdent la propriété vésicante presque au même
degré que la *cantharis vesicatoria*. D'autres expé-

rimentateurs, entomophiles distingués, ont découvert que la propriété d'exercer sur la peau cette espèce de brûlure n'était pas exclusivement propre aux insectes de la tribu des cantharidides (famille des cantharidiens), et était commune, à des degrés différents, à tous les insectes dont le corps est orné de couleurs métalliques : ainsi la partie dure des *carabes*, des *cicindèles*, de plusieurs *harpaliens*, réduite en poudre et convenablement préparée, leur a présenté les mêmes phénomènes de vésication.

ARTHUR

Mais, cher père, si quelques insectes sont utiles, il y en a certainement un bien plus grand nombre qui non seulement sont inutiles, mais très nuisibles.

LE PÈRE

Votre observation est fort juste, et j'y songeais à l'instant. Je me disposais à vous présenter quelques réflexions à ce sujet. Dans l'histoire naturelle des insectes, il reste un vaste champ à des découvertes utiles et à des expériences très louables, d'un genre tout opposé à celui dont nous venons de nous entretenir. Une infinité de ces petits animaux désolent nos arbres, nos plantes, nos fruits. Ce n'est pas seulement dans nos champs, dans nos jardins, qu'ils font des ravages ; il attaquent dans nos maisons nos étoffes, nos meubles, nos habits, nos fourrures ; ils rongent le blé de nos greniers, ils percent et rédui-

sent en poussière les pièces de charpente de nos bâtiments, ils ne nous épargnent pas nous-mêmes.
Celui qui, en étudiant les différentes espèces d'insectes nuisibles, chercherait le moyen de les détruire
ou de les empêcher de nuire, se proposerait assurément une tâche fort utile et fort honorable.

Je n'ai pas l'intention, mes bons amis, de vous
passer ici en revue tous les insectes destructeurs ; je
veux seulement vous en faire connaître quelques-
uns qu'il serait plus important de détruire.

A la tête de tous les insectes malfaisants nous
pouvons, sans balancer, mettre le *charançon du blé*
(*calandra granaria*), qui fait dans nos magasins
d'épouvantables dégâts. Les ravages que cause ce
terrible dévastateur sont d'autant plus à redouter
qu'ils sont plus difficiles à apercevoir : souvent le
mal est à son comble et sans remède lorsqu'on parvient à le découvrir. La larve de cet insecte se développe dans l'intérieur du grain de froment, dont elle
mange toute la farine, en ménageant avec précaution l'enveloppe solide qui lui sert de toit et d'abri.
Ainsi soustraite aux regards, et à couvert des injures
de l'air et de ses ennemis, la larve, bien repue,
peut subir, sans redouter le moindre danger, sa dernière transformation. Elle n'a pas besoin de travail-
ler pour se fabriquer, comme certaines espèces, une
coque de soie, ou de chercher un refuge pour n'être
point troublée dans les mystères de ses métamorphoses : les parois qui l'ont abritée lui servent encore de sauvegarde. Enfin, quand elle est parvenue

à son état parfait, elle rompt sa première enveloppe,
perce adroitement sa petite prison et s'échappe au
dehors. L'extrême multiplication de cette race de
petits ravageurs les rend l'effroi des cultivateurs et

1 Calandre du blé, grossie.   2 La même, gr. nat.

de tous ceux qui font le commerce des grains. Les
entomologistes ont cherché bien des fois à préserver
les grains de l'attaque de ces charançons redoutables, et si leurs efforts n'ont pas été couronnés d'un

plein succès, au moins ont-ils rendu d'éminents
services. Quelque jour peut-être, en continuant à
étudier les mœurs et les habitudes de ces insectes,
parviendra-t-on à découvrir un moyen facile de les
détruire. Jusqu'à présent le meilleur qu'on ait pro-
posé, c'est de remuer souvent le blé et de l'exposer
à un courant d'air sec, pour le préserver des attaques, et de l'exposer à la chaleur d'un four, quand
malheureusement il en est infesté.

Je pourrais ici vous parler de certains *bruchus,*
qui se développent dans l'intérieur des graines de
nos plus utiles légumineuses. Vous parlerai-je des
dégâts causés par les *teignes,* et tous les autres lépidoptères de la famille des *tinéites?* Vous entretien-
drai-je du ravage des *dermestes,* des *attagenus,* des
anthrenus, dans les fourrures et les pelleteries? sans
parler d'autres insectes moins connus, quoique non
moins à redouter, c'est-à-dire les *vrillettes,* les *coly-
dium* et les insectes connus sous le nom de *xylo-
phages* en général. Tous ces petits mangeurs de
bois font souvent les plus grands dégâts dans nos
meubles et dans nos boiseries, dans le bois mort;
ils attaquent même les arbres les plus robustes et les
plus vigoureux, qu'ils ne tardent pas à faire périr.
Le *scolytes destructor* est un des plus à redouter
dans nos grandes forêts et dans les bois de haute
futaie. Sa larve se développe non seulement en perçant en tous sens l'aubier des grands arbres, mais
encore en creusant jusque dans le ligneux le plus
solide et le plus dense. Comme l'insecte se multiplie

beaucoup et très rapidement, l'arbre le mieux portant ne tarde pas à céder à tant de causes de destruction. On voit d'abord les feuilles se flétrir, les jeunes rameaux se pencher; souvent l'épiderme se ride et se soulève par lamelles; tout l'extérieur porte les symptômes de la terrible maladie qui dévore l'intérieur. C'est ainsi qu'un de nos plus célèbres entomologistes en a observé une quantité énorme dans le bois de Vincennes en 1837, où la sécheresse, jointe au *scolytes destructor,* fit périr plus de quarante mille pieds d'arbres.

Je ne ferai que mentionner les *bostrichus,* les *lyctus,* etc., qui tous se développent dans le bois, pour passer aux larves de la nombreuse famille des longicornes et à celles des *lucanes,* qui dans leur premier âge prennent tout leur accroissement au cœur des arbres, même les plus forts. Comme toutes ces larves sont d'une taille démesurée comparées aux autres, et qu'elles passent plusieurs années à ronger les substances végétales avant de se transformer, que de dégâts n'a-t-on pas souvent à déplorer!

Quand je vous ai parlé des ravages du charançon du blé, j'aurais pu y joindre la condamnation des *curculionides* en général. Beaucoup d'espèces sont à redouter : quelques-unes, comme l'oiseau ébourgeonneur, font le plus grand tort à nos vignes, en rongeant les bourgeons et les jeunes pousses; quelques autres connaissent le moyen de pénétrer sous la coque de la noix et de la noisette, et d'y dévorer tout le fruit ; la plupart des espèces ne se développent qu'à nos dépens.

Lucane cerf-volant (3/4 de grand. nat.)

RICHARD

J'ai remarqué que tous les exemples que vous venez de détailler ont été choisis parmi les coléoptères : est-ce que les autres ordres ne possèdent pas d'espèces nuisibles ?

LE PÈRE

J'ai choisi les coléoptères, parce que vous les connaissez déjà un peu, et qu'en général ils ont été mieux étudiés. Que serait-ce si je voulais avec vous faire comparaître tous les insectes des autres ordres ? Ne verrions-nous pas les *forficules* désoler les jardiniers ; les *sauterelles,* dans certains pays, détruire les plus belles récoltes et laisser après elles la famine et le désespoir ; les *courtilières,* en coupant les racines des plantes les plus utiles, faire le désespoir des horticulteurs ; certains *hémiptères* gâter et souiller nos fruits les plus exquis ; les *gallinsectes (coccus)* épuiser les orangers ; certaines chenilles dévorer le parenchyme des plus beaux légumes, et ne laisser que les nervures les plus coriaces ; la *pyrale de la vigne* ruiner par ses dévastations les pays vignobles les plus riches ?

ARTHUR

Ne parlons plus de tous ces insectes destructeurs que pour chercher des remèdes aux maux qu'ils nous causent. Veuillez cependant, mon père, nous dire quelque chose sur cet instinct maternel qui, dit-on, est si fort développé chez quelques-uns de ces petits êtres.

LE PÈRE

Deux savants naturalistes, Kerby et Spence, assurent que les insectes font preuve d'une sollicitude

et d'un attachement aussi grands pour leurs petits
que les quadrupèdes les plus forts, qu'ils subissent
autant de privations pour les nourrir, qu'ils les dé-
fendent au péril de leur propre vie, et même au

Forficule perce-oreilles.

milieu des angoisses de la mort. Un insecte qui
n'excite que le dégoût, et auquel un préjugé absurde
et ridicule a donné le nom de perce-oreilles, la forficule, fait preuve d'un instinct admirable d'amour

maternel. Elle surveille ses petits avec un tendre
dévouement. Quelque accident vient-il à les disper-
ser, son agitation devient extrême; elle les rassemble courageusement et les transporte délicatement
au nid avec ses mandibules. M. Kerby dit que cet
insecte couve ses œufs comme la poule, et lui ressemble dans ses soins empressés pour sa jeune
famille. Aussitôt que les petits sont éclos, ils courent
se réfugier comme des poussins sous les ailes de la
mère, qui les abandonne à peine un seul instant,
et qui témoigne une anxiété extrême pour leur sûreté.

L'araignée est encore un modèle d'affection maternelle. J'ai pris un jour un nid de cet insecte attaché
à la partie inférieure d'une large feuille. Il avait la
forme d'un cocon soyeux, avec une petite ouverture
pour l'entrée. En brisant cette enveloppe, composée
de deux couches d'insectes, j'ai trouvé un amas
d'œufs qui formait une petite boule compacte de la
grosseur d'un pois. Je les ai placés, ainsi dégarnis,
avec la mère araignée, sous un verre sur une cheminée de marbre. Au moment où je le renversai, la
mère se trouvait à la partie supérieure; mais elle
n'eut pas plus tôt aperçu ses œufs, qu'elle courut à ce
dépôt précieux avec un empressement extrême; et,
les couvrant autant que possible de son corps, elle
semblait vouloir leur communiquer la chaleur dont
ils venaient d'être privés, et bientôt après elle commença à tisser autour d'eux une seconde enveloppe
soyeuse. Rien ne pouvait la distraire de ce tendre

devoir maternel, et, pour donner une preuve de son
merveilleux instinct, elle eut la précaution de suspendre par des brins de fils qu'elle attacha aux parois

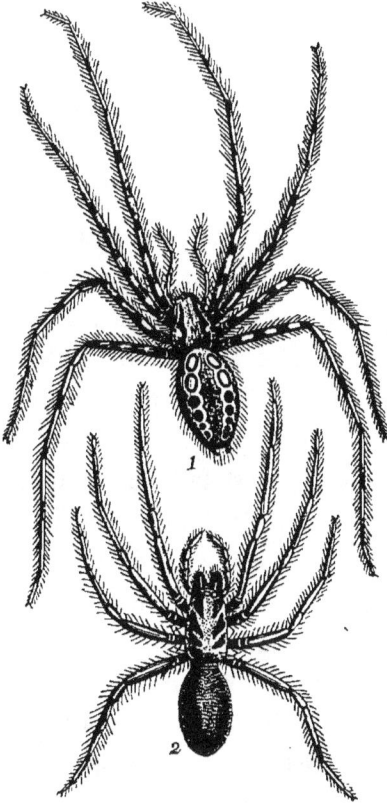

1 Araignée domestique, gr. nat.   2 Araignée des caves.

du verre la feuille sur laquelle reposaient ses œufs,
afin d'éviter pour eux le contact du marbre et le re-
froidissement qui en serait la suite.

Puisque nous en sommes sur le chapitre des

8

araignées, je citerai à leur sujet ce que dit M. Qua-
tremère d'Issonval. Il prétend que ces insectes sont
des baromètres naturels, et qu'ils avertissent des
changements de temps plusieurs jours à l'avance.
« Il y a, dit-il, bien plus à se fier, pour de grandes
« et importantes décisions , à des araignées *pendices*
« (celles qui suspendent leurs toiles perpendiculaire-
« ment, obliquement, etc.) qu'on ne doit le faire
« aux meilleurs baromètres. Si le temps doit être
« pluvieux ou même venteux, elles attachent de
« très court les maîtres brins de soie qui suspen-
« dent tout leur ouvrage, et c'est ainsi qu'elles
« attendent les effets d'une température qui doit
« être très variable. Elles travaillèrent de cette façon
« tout juin et juillet, qui furent très pluvieux ; mais
« le 3 ou 4 août il s'est fait dans l'après-midi une
« des plus grandes révolutions dans l'atmosphère
« qui aient eu lieu peut-être de toute l'année. Mes
« araignées prirent le mors aux dents, et s'en allè-
« rent porter les maîtres brins de leurs nouvelles
« toiles à des distances énormes par rapport à celles
« qui précédaient. Je ne doutai point que ce ne fût
« la naissance de l'été ; aussi avons-nous eu dès ce
« moment les premières chaleurs dignes de ce nom,
« et elles se sont soutenues quinze grands jours.
« Lorsque l'araignée travaille à grands fils, c'est la
« certitude d'un beau temps pour douze à quinze
« jours au moins ; quand elles ne font rien, pluie ou
« vent ; lorsqu'elles travaillent peu et ne font qu'un
« petit ouvrage, temps variable ; mais lorsqu'elles

« tapissent en grand, temps superbe. L'araignée,
« l'animal le plus économe, n'entre en dépense du
« fil qu'elle tire de ses entrailles que lorsqu'elle peut
« compter sur un long espace de beau temps. Quand
« on la voit refaire imperturbablement sa toile sous
« les averses qui la détruisent, c'est que les pluies
« ne seront pas durables. »

RICHARD

Je n'ai jamais eu l'occasion de voir une araignée
avec ses petits.

LE PÈRE

Les petits de l'araignée s'attachent en groupes
sur toutes les parties du corps de la mère, et celle-
ci les porte partout avec elle jusqu'à leur première
mue. Lorsqu'on la surprend ainsi couverte de centaines de ces petits êtres, il est amusant de les voir
tous sauter précipitamment de son dos et se sauver
en tous sens.

Kerby et Spence nous citent encore la punaise des
champs (*cimes griseus*) comme offrant un exemple
remarquable de sollicitude maternelle. Elle conduit
sa famille, souvent composée de trente à quarante
petits, comme une poule à la tête de ses poussins.
Lorsqu'elle marche, ils la suivent de près ; si elle
s'arrête, ils se groupent autour d'elle. Un jour, j'ai
coupé une branche de bouleau peuplée par une colo-
nie de ces insectes; la mère a témoigné la plus vive
inquiétude : elle battait des ailes incessamment, ap-

paremment dans le but de les protéger contre le danger qui les menaçait. En toute autre occasion, elle eût pris la fuite.

ARTHUR

Tout ce que vous nous racontez, mon père, tendrait à faire supposer que les insectes sont doués de raison.

LE PÈRE

Non, mon fils, la raison est une faculté qui appartient exclusivement à l'homme ; disons plutôt que les animaux ont appris de Dieu à agir de la manière la plus conforme à leurs besoins, et cela à l'instant même que cette action devient nécessaire. Cette définition paraît mieux répondre à nos idées de la surveillance incessante de la Providence sur toutes ses créatures. Et quel vaste champ alors pour nos études et notre admiration ! Ce petit insecte que je vois occupé à pratiquer un trou dans le sable, dans lequel il enfouit la chenille qui doit servir de nourriture à ses petits encore à naître, qu'il recouvre ensuite de sable, et dont il indique la place par deux petits morceaux de bois[1] ; cet insecte, dis-je, est-il dirigé par le grand maître de la création ? Oui, assurément : celui qui nourrit les jeunes corbeaux, qui prévoit la chute d'un moineau, qui compte les cheveux mêmes de notre tête, règle aussi les opé-

[1] Ray.

rations les plus minimes d'un insecte. La construction d'un nid d'oiseau, l'organisation de la cellule
de l'abeille, la toile géométrique de l'araignée, en
sont des preuves irrécusables; toutes révèlent le
Dieu qui dirige l'univers.

RICHARD

Continuez, je vous prie, mon père, à recueillir
vos souvenirs sur l'histoire si intéressante des insectes.

LE PÈRE

Je ne me lasse point de contempler les opérations
des insectes. J'avais sous ma fenêtre une guêpe de
sable que je voyais aller et venir continuellement de
la maison à une allée de jardin, d'où elle rapportait
des grains de sable extrêmement fins, avec lesquels
elle forma sa cellule sous un rebord de croisée. Lorsqu'elle eut achevé son œuvre, elle s'envola vers un
buisson voisin, et rapporta une petite chenille verte
qu'elle introduisit, non sans difficulté, dans sa nouvelle demeure. Elle déposa ensuite un œuf sur le
corps de la chenille, et avec une espèce de maçonnerie composée de sable qu'elle humecta, elle boucha
l'ouverture de sa cellule, en conservant une pente
douce pour que la pluie n'y séjournât pas. Quatre
autres cellules furent construites de la même manière, et après un certain laps de temps les jeunes
guêpes s'émancipèrent et disparurent. On ne saurait
douter que les chenilles dussent remplir le double

objet de protéger les jeunes larves contre le froid,
et de leur servir de nourriture jusqu'à ce qu'elles
fussent en état de se délivrer de leur prison.

Ammophile des sables introduisant une chenille dans son nid.

Un autre insecte du genre des *sphex* fait un trou
dans une terre sablonneuse, et y enterre soit une
grosse araignée, soit une chenille de phalène, dont
il a soin d'abord d'ôter les pattes en les détachant
avec ses mandibules tranchantes. Dans chaque bles-
sure il dépose un œuf, afin que les larves puissent
sucer le fluide dont le corps de ces animaux est im-
prégné, et par ce moyen elles préparent elles-mêmes

le tombeau dans lequel doit s'opérer leur propre
métamorphose[1].

Les observations suivantes sur les insectes sont
tirées des *Éléments d'histoire naturelle* de Blumenbach ; elles peuvent intéresser ceux qui n'auraient
pas lu cet ouvrage.

« On a calculé que l'abdomen de la femelle de la
« fourmi blanche, lorsqu'elle est sur le point de
« déposer ses œufs, est deux mille fois plus volumi-
« neux qu'auparavant. Elle peut pondre jusqu'à
« quatre-vingt mille œufs en vingt-quatre heures.
« Les insectes qui subissent une métamorphose s'ap-
« pellent larves dans le premier état qui suit leur
« sortie de l'œuf. Elles sont alors très petites, mais
« elles croissent avec une rapidité surprenante ; la
« larve de la mouche à viande pèse, vingt-quatre
« heures après la ponte, cent cinquante-cinq fois
« plus qu'au moment de sa naissance.

« Le nécrophore *vespillo* flaire de loin les corps
« morts des animaux, tels que les taupes, les gre-
« nouilles, etc., et les enterre afin d'y déposer ses
« œufs. Six de ces insectes viendront à bout d'enter-
« rer une taupe en moins de quatre heures. Les
« yeux des insectes sont de deux espèces. Les uns
« sont de grands hémisphères, la plupart composés
« de plusieurs milliers de facettes, quelquefois d'une
« multitude de points coniques dont la surface inté-
« rieure est luisante et bigarrée.

---

[1] Blumenbach.

« Les autres sont plus simples dans leur construc-
« tion, plus petits, et varient quant au nombre et
« à la position. Les yeux de ceux de la première
« classe paraissent destinés à voir de loin, tandis
« que les organes de la seconde ne doivent embras-
« ser que les objets avoisinants. Il n'est donné qu'à
« peu d'insectes de mouvoir leurs yeux à volonté.

« Les antennes sont les organes du toucher; elles
« ont une immense importance pour les insectes, à
« cause de la dureté et de l'insensibilité de leur
« corps extérieur et de l'immobilité de leurs yeux.
« Toute la sensation chez ces animaux semble con-
« centrée dans les antennes; elles suppléent pour
« eux à la lumière dont ils sont privés, car la plu-
« part vivent dans les ténèbres.

« Les œufs de quelques insectes sont recouverts
« d'une espèce de vernis, qui les protège contre les
« accidents, et les garantit de l'action destructive
« de la pluie et de l'humidité. »

Latreille remarque que la sagesse et la puissance
du Créateur se révèlent surtout dans la conformation de ces êtres presque imperceptibles, et qui
semblent se cacher à nos regards. Cet atome doué
de vie, et dont les divers organes, tout petits qu'ils
sont, ont chacun leur fonction particulière, excite
plus son admiration que la structure et l'organisation des animaux les plus gigantesques.

ARTHUR

Je n'aurais jamais cru que des insectes qui fixent

à peine notre attention, et que nous écrasons sans pitié sous nos pieds, renfermassent en eux tant de merveilles.

LE PÈRE

Nous sommes dans l'habitude de reléguer les insectes dans les derniers rangs de la création ; et cependant il y a un soin manifeste pour la conservation et le bien-être de ces créatures méprisées, qui méritent tout notre intérêt. Il est vrai que la science de l'entomologie est encore enveloppée pour nous de beaucoup de mystère ; mais cette circonstance seule est de nature à piquer notre curiosité, et à stimuler nos recherches dans le vaste champ de l'observation. Quoi de plus merveilleux que l'instinct qui porte les insectes à déposer leurs œufs dans les endroits où ils seront à l'abri des vicissitudes des saisons et de mille accidents funestes ! Quelques-uns sont enfouis fort avant dans la terre sous le germe de la plante future, dont la tige sortant du sol porte avec elle ses œufs pour être vivifiés par les rayons du soleil. Dans l'état de chrysalide, qui est le tombeau où s'opère le changement final, nous voyons plus sensiblement les étonnantes métamorphoses qu'ils subissent ; mais que de secrets encore à découvrir dans l'économie de leurs mœurs et de leurs habitudes, et dans les différentes phases de la vie d'un insecte !

Dans le calme d'une soirée d'été, l'air fourmille de ces petits êtres ; les feuilles, les tiges, l'écorce de l'arbre, chaque touffe de mousse, les fossés, les

étangs, tout recèle des myriades de ces créatures,
dont chacune remplit l'objet qui lui est assigné, par
des moyens qui lui sont propres, sans qu'il y ait
déviation ou substitution dans l'ordre établi par le
Créateur. Quelques-unes paraissent uniquement oc-
cupées à choisir les positions les plus appropriées à
leurs besoins, et à exercer mille ruses et stratagèmes pour assurer leur existence et celle de leurs
petits, et font preuve d'un instinct que la science
moderne a osé qualifier de raison. Chez d'autres, au
contraire, nous n'apercevons aucun but d'action; ou
si parfois quelque faible lueur nous donne un aperçu
momentané des voies cachées de la nature, nous
nous retrouvons ensuite plongés dans la même
obscurité, et notre prétendue science est en défaut.
Devant nous est un être merveilleusement organisé;
nous l'avons vu lutter avec succès contre tous les
dangers qui entouraient les premières périodes de
son existence. Le travail préparatoire qui a précédé
son développement parfait est terminé; radieux de
beauté, il étend ses ailes au soleil, et prend son
vol dans les airs. L'instant d'après il devient peut-
être la proie de quelque oiseau errant; et son organisation si curieuse, son instinct, sa beauté, tout
est compté pour rien, et la sagesse humaine et ses
conjectures sont confondues. Nous sommes intime-
ment convaincus que ces dispositions sont ordonnées
dans un but utile et bon; mais notre ignorance est
si grande quant aux causes secondaires qui régissent
l'empire de la nature, que, si nous essayons de

pénétrer au delà, nous nous perdrons dans les mystères dont le divin architecte a entouré ses ouvrages.

RICHARD

Les oiseaux, du moins quelques-uns, ne font-ils pas leur nourriture des insectes ?

LE PÈRE

La race des chouettes renferme les grands destructeurs des phalènes du soir. Que de fois j'ai vu éparpillés dans les bois ces fragments de leurs banquets nocturnes, les restes de ces beaux insectes ! L'empereur des bois, la phalène vert-de-gris, et beaucoup d'autres espèces rares, qu'il nous faut souvent chercher avec patience durant plusieurs années, deviennent la proie de ces impitoyables oiseaux. La chauve-souris poursuit aussi avec une grande avidité les insectes crépusculaires, et sa chasse doit être abondante, puisqu'elle n'a pour compétiteurs que le peu d'oiseaux qui cherchent leur proie pendant la nuit.

ARTHUR

Parlez-nous, mon père, des jolis insectes que nous appelons demoiselles ou libellules.

LE PÈRE

J'ai pris dans mon voisinage une magnifique libellule à quatre taches (*libellula quadrimaculata*) ; je note ce fait, parce que cette espèce est rare. C'est un superbe insecte ; les deux raies foncées sur le bord

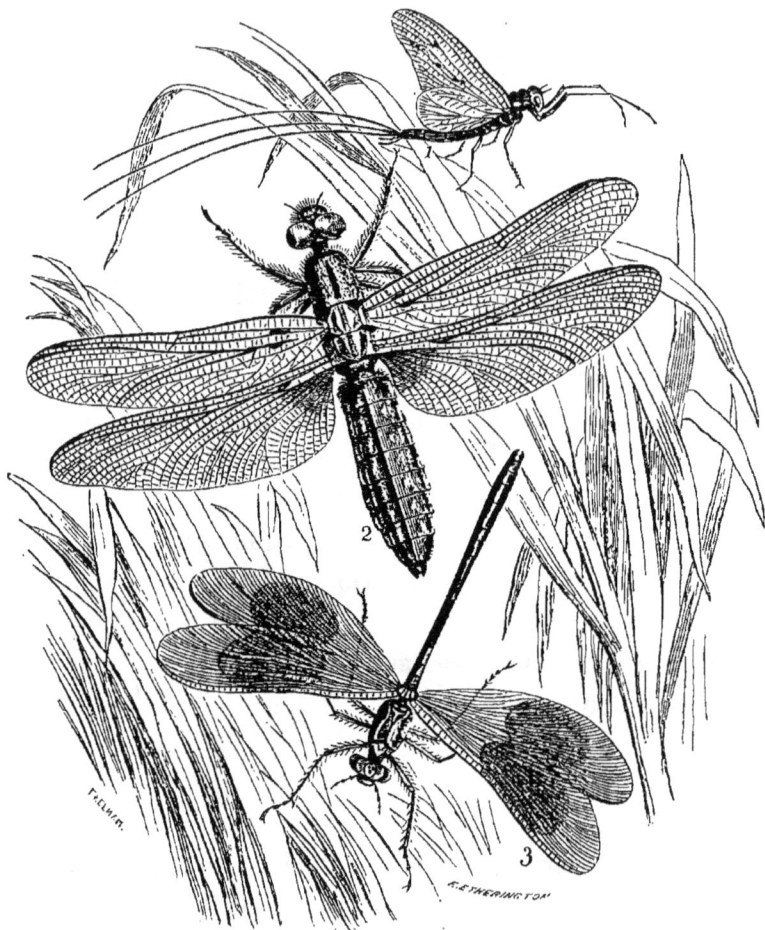

1 Éphémère commune.   2 Libellule déprimée.   3 Agrion vierge.

supérieur de chaque aile, son corps effilé et couvert de duvet, le distinguent des autres de son genre.

Rien n'égale la vivacité, la légèreté, la pétulance des libellules vulgairement désignées sous le nom de demoiselles, et il est difficile de rencontrer des formes plus gracieuses. Les couleurs les plus riches ornent leurs vêtements ; c'est le reflet de l'or, de l'azur, de toutes les nuances de l'iris ; sur le dos on voit gracieusement attachées quatre ailes légères, transparentes comme la gaze la plus fine. Tantôt elles s'élancent en avant avec impétuosité, tantôt elles reculent précipitamment, tantôt elles se perdent dans les nues ; et pourtant cet être gracieux se repaît de carnage, et poursuit avec l'acharnement et la précision du vautour les malheureux petits insectes qui bourdonnent autour de lui.

Nous voyons s'épanouir joyeusement aux rayons ardents du soleil de juillet et d'août l'élégant petit papillon bleu (*polyommatus argus*), connu et admiré de tous. Quelques lépidoptères, surtout le papillon blanc commun de nos jardins, sont très belliqueux et ne souffrent pas de compétiteurs pour leur proie ; aussi les voyons-nous continuellement se disputer dans les airs, où ils deviennent victimes de quelque oiseau aux aguets ; mais aucun d'entre eux n'égale notre petit argus pour l'humeur guerrière et jalouse. Il ne permettra à aucun autre de son espèce de s'approcher impunément des fleurs sur lesquelles il se repose ; il osera même à l'occasion attaquer le grand amiral ou mieux le vulcain (*vanessa atalanta*), qu'il fera fuir. Il y a un autre petit papillon (*polyommatus phleas*), tout aussi

beau que le premier et non moins audacieux, qui
hante les mêmes fleurs et avec lequel il est perpétuellement en lutte. Ces petits animaux s'acharnent
au combat jusqu'à ce que l'un des deux succombe,
et le vainqueur retourne en triomphe à son calice
de fleur. Si l'ennemi revient, la bataille recom-
mence ; mais si un nuage vient obscurcir les rayons
du soleil, ou qu'une brise refroidisse l'atmosphère,
leur ardeur s'éteint et toute dispute finit. L'élégante parure de l'argus est souvent endommagée
dans ces rencontres, et c'est pour cela que nous le
trouvons si souvent traînant avec peine de jolies
ailes bleues déchirées et décolorées.

RICHARD

N'oublions pas l'oiseau-mouche.

LE PÈRE

Le curieux et gracieux insecte l'oiseau-mouche
ou moro-sphynx (*sphinx stellatarum*) nous visite
annuellement ; on pourrait presque le regarder
comme un lien entre les oiseaux et les insectes ;
ses écailles légères et aplaties ressemblent à des plumes. La vigilance timide et la vivacité de cette
petite créature méritent notre attention ; elle nous
rappelle dans ses allures son homonyme des tro-
piques, cette *pensée ailée,* comme on l'a nommée,
quoique la parure brune et obscure de la première
ne ressemble en rien aux brillantes nuances de l'oiseau en question. Notre petit sphinx se montre ordi-

nairement le matin et le soir plutôt que pendant la chaleur du jour, attiré probablement par le parfum des fleurs qui s'exhale alors dans toute son intensité. Il recherche surtout le jasmin, le phlox, la merveille du Pérou, et autres fleurs tuberculeuses, au-dessus desquelles il plane et voltige d'une manière élégante et rapide, plongeant de temps à autre sa trompe longue et flexible dans leurs calices, pour en extraire la liqueur sucrée. Tantôt il entrera dans nos serres, et, effleurant rapidement et presque avec dédain les nombreuses plantes exotiques, il s'arrêtera devant sa fleur de prédilection, il en examinera rapidement chaque tube, planant au-dessus de son disque, en bourdonnant et agitant perpétuellement ses ailes, tandis que ses yeux vifs et perçants examinent tous les alentours. Le moindre mouvement l'effraye; il disparaît avec la rapidité d'une flèche, pour revenir bientôt à son délicieux bouquet; il prend sa nourriture toujours sur le vol. Ces insectes, quoique timides et craintifs de leur nature, s'accoutument pourtant à la présence de ceux qui ne sont pas dans l'habitude de les molester. J'ai toujours respecté ceux qui viennent visiter mes parterres; ils sont accoutumés à me voir inspecter de près leurs opérations, et j'ai pu fréquemment poser le doigt sur leurs ailes vibrantes au moment où ils enfonçaient leur trompe dans le calice d'un géranium. Ils se retiraient alors pour un instant, confus d'une telle familiarité; mais ils revenaient finir leur repas sans se soucier de ces légers dérangements. J'ai vu cet insecte (et la même chose a lieu chez quelques autres) feindre la mort lorsqu'il appréhendait un danger imminent. Il tombait alors sur le dos, ne donnant aucun signe de vie, et au moment où on le déposait dans une boîte, il épiait l'occasion favorable et disparaissait comme une flèche.

La nombreuse famille des insectes, à peu d'exceptions près, se ressent beaucoup des vicissitudes des saisons. Il y a pourtant un papillon (*papilio janira*) qui abonde toujours, même dans ces étés tristes et humides où l'on voit disparaître presque entièrement le papillon blanc si commun; on aperçoit alors le premier séchant ses ailes aux rayons du soleil, et voltigeant de fleur en fleur, seul convive, pour ainsi dire, des bouquets champêtres. Dans l'été aride de 1826, la profusion de ces insectes et celle de la coccinelle (*septempunctata*) étaient remarquées par tout le monde.

La phalène jaune (*phalæna pronuba* ou *noctua pronuba*) abonde partout. Elle se cache le jour dans l'herbe épaisse, où la faux du moissonneur vient souvent l'inquiéter, et elle devient la proie d'un charmant petit oiseau, la bergeronnette jaune, qui suivra souvent sans crainte les pas du faucheur pour surprendre sa victime. Les efforts et les ruses du papillon pour s'échapper, et l'activité et la persévérance de l'oiseau pour le capturer, sont amusants à voir.

La petite vanesse, nommée *Robert-le-Diable* (G. *album* ou *vanessa gamma*), est un des insectes

qui ne paraissent aucunement incommodés par les
saisons pluvieuses, qui retardent l'apparition ou qui

¹ Gamma vanessa (gr. nat.).   ² Paon du jour (vanessa I°) (gr. nat.).

détruisent l'existence de tant d'autres papillons. On
voit imprimé en or sur ces sombres ailes un G, et il
doit son nom à cette particularité.

ARTHUR

J'ai dans ma collection un magnifique papillon de nuit, que je crois être le sphinx tête-de-mort.

LE PÈRE

La culture si répandue de la pomme de terre nous procure annuellement des spécimens de beaux papillons de nuit. Le sphinx tête-de-mort ou mieux sphinx, ou *rachyglossa,* ou encore *acherontia atropos*), dans ses divers états, court les plus grands dangers. Les larves ne peuvent manquer d'attirer l'attention par leur grosseur extraordinaire et leur forme bizarre. On voit sur leur corps un appendice en forme de queue ou corne relevée ; la tête aussi est fourchue. Cet animal était autrefois très rare ; mais depuis l'introduction du tubercule en question, qui forme sa nourriture favorite, nous sommes à même de le rencontrer assez souvent dans de certains endroits.

La superstition a de tout temps puisé des pronostics alarmants et des indications funestes parmi le monde des insectes ; là où l'homme ne devrait voir que les manifestations de la sagesse et de la bonté du Créateur, il ne trouve, au contraire, que des sujets de cruauté puérile et de vaines terreurs. Dans la Pologne allemande, où ce papillon abonde, on l'appelle le spectre à tête de mort et l'oiseau de mort vagabond. Les marques imprimées sur son dos représentent à ces fertiles imaginations la tête exacte

d'un squelette, avec les os croisés en dessous. Son
cri (car, par le frottement de sa trompe contre
les palpes ou le thorax, il produit comme un cri)
devient alors la voix de l'angoisse, le gémisse-
ment d'un enfant, l'annonce du malheur. C'est
l'agent de l'esprit des ténèbres. Le lustre même de
ses yeux est emprunté à la fournaise satanique. Il
entre la nuit dans les appartements, éteint les lu-
mières, et prédit la peste, la famine et la mort. Ces
ignorants préjugés disparaissent successivement devant la marche progressive de la civilisation et de
la science.

En Angleterre comme en Allemagne, le sphinx
atropos fut d'abord observé sur le jasmin, mais
maintenant on le trouve exclusivement sur la pomme
de terre. On a voulu reconnaître à cet insecte un
cri aigu comme celui que fait la souris; mais aucun
insecte que nous connaissions ne possède les organes
propres à la voix. Ils émettent des sons par des
moyens extérieurs. Ainsi la sauterelle et le grillon
produisent leur chant si connu et si monotone par le
frottement des cuisses contre leurs élytres durs et
coriaces, et le bruit que fait notre sphinx tête-de-
mort, qui ressemble à l'appel du râle de genêt, se
fait par le frottement de sa mandibule ou de sa
trompe contre le thorax, qui est comme la corne.

Dans nos promenades du soir, notre attention est
souvent attirée par le bourdonnement sourd du
grand géotrupe stercoraire, vulgairement appelé
bousier (*geotrupes stercorarius*), qui vient se heur-

ter contre nous dans son vol étourdi. On voit quelquefois ces insectes passer en troupes très nombreuses; ils sont alors attirés par l'odeur de quelque matière fétide. Aussi faut-il que les organes de perception soient chez eux d'une extrême susceptibilité; car ils arrivent de grandes distances et de tous côtés, dirigés par des émanations lointaines qui nous semblent devoir être insaisissables pour eux, et par conséquent impuissantes à stimuler l'activité d'un insecte naturellement inerte. Mais c'est un des agents employés par la nature pour empêcher l'accumulation trop grande des matières décomposées, et ils ont pour fonction de balayer, pour ainsi dire, la face de la terre, et d'en faire disparaître les immondices qui la souillent, et répandent dans l'air des miasmes infects et délétères. Tantôt des légions de petits insectes stercoraires s'attacheront aux corps qui subissent la décomposition putride et en feront disparaître jusqu'aux derniers vestiges, tandis que d'autres, tels que les *nécrophores,* etc., enfouiront dans la terre, après des efforts inouïs, les cadavres des petits quadrupèdes dans lesquels ils doivent ensuite déposer leurs œufs, qui recevront par ce moyen leur plein développement.

Le géotrupe stercoraire nous fournit encore un exemple de la ruse à laquelle plusieurs insectes ont recours pour échapper aux dangers qui les menacent. Lorsqu'il poursuit son vol impétueux et bruyant, ou qu'il décrit paisiblement des cercles dans l'air, si quelque objet vient à le frapper ou

qu'un obstacle quelconque arrête sa marche, il
tombe immédiatement à terre, étendu sur le dos,
ses pattes allongées et raides, et en apparence sans
vie, au point de se laisser manier sans remuer. Lorsqu'il croit le péril passé, il reprend ses mouvements
et son vol. S'il a recours à ce stratagème dans un
but de conservation, ce moyen ne lui réussit pas
toujours. La chouette et l'engoulevent le happent en
volant ; mais les corbeaux, les pies et les autres oiseaux n'hésitent point à le dépecer, lui et tous les
autres insectes qui emploient la même feinte, lorsqu'ils les trouvent dans cet état de mort apparente :
aussi devons-nous en conclure que le motif de cette
action nous est inconnu, tout en étant persuadés
qu'elle répond parfaitement au but qu'elle doit atteindre.

ARTHUR

Comment se fait-il que les insectes qui passent
une partie de leur vie dans la terre soient si propres
dans leur parure ?

LE PÈRE

L'extrême propreté de cette classe d'insectes est
une circonstance digne de nos remarques, surtout
lorsque l'on considère que toute leur vie se passe à
creuser dans la terre et à faire disparaître les immondices qui couvrent le sol ; mais tel est l'admirable poli de leur corselet et de l'enveloppe qui recouvre leurs membres, qu'aucune impureté ne s'at-
tache à leur corps. Le *méloë* et quelques-uns des

bousiers, lorsqu'ils sortent de leur retraite d'hiver, sont d'abord uniquement occupés à se défaire de tous les corps étrangers qui ont pu obscurcir leur luisante parure pendant leur long séjour sous terre. La propreté extérieure paraît être une loi de la nature, et se remarque dans tout le règne animal. Les poissons, par la nature de l'élément dans lequel ils vivent, ne contractent guère de souillure extérieure. Les oiseaux sont sans cesse occupés à arranger et à redresser leur plumage, et les reptiles eux-mêmes savent également se débarrasser de toutes les impuretés du sol sur lequel ils rampent.

La fourrure des quadrupèdes qui sont en liberté est toujours propre, et si quelques oiseaux et parfois quelques quadrupèdes se roulent dans la poussière ou se couvrent de boue, c'est uniquement dans le but de se délivrer par ce moyen des insectes, et d'apaiser la démangeaison produite par leurs piqûres.

RICHARD

Mon père, vous ne nous dites rien des fourmis.

LE PÈRE

La fourmi mérite un des premiers rangs, pour l'intelligence, dans le monde des insectes. La grande fourmi noire (*formica fuliginosa*) se trouve dans tous nos bois; ses troupes nombreuses mettent en mouvement ces grands amas de débris végétaux qu'elles augmentent tous les jours avec une industrie et une persévérance infatigables, pour donner abri à leurs œufs. Les faisans, les pies, le torcol et tous les oiseaux qui recherchent pour nourriture les petites fourmis rouges, et qui dévastent leurs tertres élevés avec tant de peine, ne paraissent pas poursuivre cette espèce. Ces animaux, si remarquables par leur instinct, voyagent toujours en ligne directe, sans jamais en dévier, à moins que leur marche ne soit entravée par quelque obstacle ; et ils repoussent avec menace les maladroits qui embarrassent leur chemin.

Un de mes amis m'a cité un trait de leur caractère peu accommodant à cet égard, dont il a été témoin. Deux troupes de ces insectes étaient parties pour butiner de deux fourmilières différentes. Les deux corps se rencontrèrent en route, et ni l'un ni l'autre ne voulant céder le passage, une lutte violente s'ensuivit. Au bout de quelque temps, les parties belligérantes, de guerre lasse, suspendirent le combat, et chacune d'elles rentra à sa fourmilière, emportant les morts et les blessés. Dans cette occasion le *casus belli* avait pour seule cause l'obstination de ces insectes à ne pas se déranger de la ligne droite qu'ils adoptent invariablement.

La force musculaire de certains animaux, surtout parmi les insectes, a quelque chose de prodigieux, lorsqu'on la compare à la petitesse de leur corps. L'homme, par la puissance de sa raison, appelle à son aide la force mécanique, et atteint son but au moyen d'agents étrangers. Les animaux n'ont, au

contraire, que leurs propres ressources pour y arriver, c'est-à-dire leur force musculaire et leur adresse.
Cette force chez les fourmis noires se montre surtout
par la grosseur des matériaux qu'elles ramassent
pour leurs monticules ; mais dans la petite fourmi
rouge (*formica rubra*) elle est plus remarquable
encore. J'ai vu une de ces petites créatures, dont
trente-six ne pèsent qu'un grain (0,053 milligr.),
emporter comme proie une mouche noire qui à elle
seule en pesait autant. La guêpe même, dont le
poids est de quarante fois le sien, sera entraînée par
le labeur et la persévérance d'une seule fourmi. Un
de mes laboureurs, en bêchant dans un champ, a
déterré un nid de fourmis jaunes (*formica flava*).
Elles étaient fort nombreuses, et retirées dans leurs
habitations d'hiver. Ces habitations consistaient en
de petits compartiments ou cellules qui se commu-
niquaient par des corridors étroits. Dans plusieurs
de ces cellules elles avaient déposé leurs larves,
qu'elles entouraient et surveillaient sans les couver.
Alarmées par nos rudes opérations, elles les empor-
tèrent dans des salles plus éloignées. Quelques-unes
de ces fourmilières contenaient un nombre considérable de petits cloportes qui vivaient en parfaite intelligence et familiarité avec les fourmis, et parta-
geaient les mêmes cellules.

En plaçant une petite chenille auprès d'une fourmilière, un des insectes viendra immédiatement s'en
emparer, et, après avoir essayé inutilement de l'entraîner sous terre, il la quittera pour un instant, et

ira tenir conseil avec un camarade. Tous deux reviendront à leur butin, et par leurs efforts réunis parviendront enfin à l'ensevelir. Tout le monde a dû remarquer que deux fourmis, lorsqu'elles se rencontrent en chemin, s'arrêtent, se touchent les antennes, et paraissent se communiquer mutuellement leurs intentions, probablement leurs futurs plans de campagne et leurs expéditions. Le docteur Franklin leur reconnaît cet instinct, et cite à l'appui de son opinion l'anecdote suivante.

Ayant remarqué que plusieurs fourmis s'étaient régalées d'un pot de mélasse qui se trouvait dans un placard, il les en chassa, et s'imagina avoir mis en déroute la troupe entière. Il suspendit le vase au plafond par le moyen d'une ficelle. Il en vit alors sortir une seule fourmi qui, montant le long de la petite corde, gagna la partie supérieure de l'appartement, et de là redescendit pour aller à sa fourmilière. Environ une demi-heure après, plusieurs autres de ces insectes sortirent, guidés, on ne saurait en douter, par leur camarade, et, traversant le plafond, se dirigèrent, par le moyen de la ficelle, au pot de mélasse, objet de leur convoitise.

Huber dit que la nature a accordé aux fourmis un langage de communication par le contact de leurs antennes, et qu'à l'aide de ces organes elles sont à même de s'assister mutuellement dans leurs travaux et dans leurs dangers, de découvrir leur route lorsqu'elles l'ont perdue, et de se faire comprendre l'une à l'autre tout ce qu'elles désirent.

Ce que je viens de dire par rapport à la faculté
que possèdent les fourmis de communiquer entre
elles, de même que les abeilles et les insectes qui
vivent en communauté, s'applique aussi aux guêpes.
Si un de ces insectes a fait quelque heureuse découverte de miel ou d'autre mets à son goût, il retourne
aussitôt au guêpier faire part de sa bonne fortune,
et ramène avec lui au lieu du festin ses insatiables
compagnons.

Les fourmis sont très avides de substances su-
crées : elles en font leur principale nourriture. Con-
sidérez avec moi une singulière manœuvre de quelques petites fourmis qui rôdent sur des branches de
rosier. Elles semblent caresser de leurs antennes les
pucerons qui s'y trouvent en grand nombre, et leur
prodiguer les signes de la plus vive affection. C'est
l'intérêt et la gourmandise qui les attirent ainsi à la
suite des bandes de pucerons. Ceux-ci laissent épan-
cher continuellement un liquide mielleux par deux
tubes situés à l'extrémité de leur abdomen. Les
fourmis sont là pour s'emparer de la liqueur précieuse à mesure qu'elle coule, et même elles flattent
doucement les pucerons de leurs pattes et de leurs
antennes pour les engager à laisser couler plus abon-
damment le délicieux nectar. Quand elles en sont
rassasiées, elles courent à la fourmilière pour faire
part aux autres de cette découverte : les fourmis ne
sont point égoïstes, elles partagent leur bien avec
celles qui manquent. En effet, observez ce qui se
passe nous nos yeux. Une petite fourmi semble tom-

ber aux pieds de celle qui revient de butiner, et lui
demander une portion de ce nectar. Une gouttelette
de la liqueur sucrée est suspendue à la trompe de la
distributrice, et l'autre se met en devoir de la sucer.
Elle a reçu sa pitance, elle s'éloigne maintenant alerte
et joyeuse.

Ce qu'il y a de merveilleux dans le gouvernement
de nos petits républicains, c'est l'amour ardent dont
chacun se sent animé pour le bien de l'État : tous
sont prêts au besoin à braver tous les périls, à sacri-
fier leur vie pour le salut commun. Voici un acte d'in-
comparable courage. Dans la dévastation d'une fourmilière, une grosse fourmi presque coupée en deux
eut la force de redresser son corps mutilé, de saisir
une nymphe égarée, et de la reporter triomphale-
ment au fond de sa demeure : elle mourut après,
épuisée par cet incroyable effort de dévouement et de
patriotisme.

Latreille, ayant coupé les antennes à une fourmi,
observa une de ses compagnes qui s'empressait autour de la pauvre malade, et qui versait sur ses
plaies une petite goutte de liquide sucré, comme un
baume salutaire.

ARTHUR

Comment appelle-t-on cet insecte qui est l'ennemi juré des fourmis?

LE PÈRE

Il s'appelle fourmi-lion (*formica leo* ou *myrmeleo*). Je vous sais gré de l'avoir rappelé à mon sou-

venir ; car les ruses qu'il déploie pour saisir ses
victimes sont trop curieuses pour ne pas vous en
parler. Cet insecte, du reste, qui n'est qu'une larve,
est long d'environ un pouce, cendré, noirâtre, avec
quelques taches roussâtres sur le corselet. Faites en
sorte de vous en procurer un dans les bois dont le
sol est sablonneux ; cherchez le long des fossés ex-
posés au midi : vous remarquerez de petites cavités
coniques d'un à trois pouces (le pouce vaut 0,027
millim.) de diamètre, pratiquées dans le sable. C'est
au fond de chacun de ces entonnoirs que réside la
larve en question. Enfoncez lestement les doigts dans
le sable, de manière à enlever le fond où se trouvera
l'animal, et l'ayant déposé dans une boîte avec bonne
provision de sable, placez-le sur votre fenêtre, dans
une position semblable à celle de son ancienne patrie. Que le sable qui le recouvre ait au moins trois
à quatre pouces de profondeur ; puis observez ses
allures. Pour donner à son entonnoir de justes pro-
portions, il commencera à en tracer l'enceinte en faisant un fossé circulaire plus ou moins considérable,
selon que l'animal voudra donner plus ou moins de
diamètre à la base de son cône creux. Il continue à
creuser et à déblayer sa fosse, en marchant à reculons ; et reportant brusquement en arrière sa tête
large et aplatie, il jette au loin le sable dont elle
était chargée. Quand il a décrit deux ou trois tours
de spirale, il s'est formé au dedans de l'enceinte un
cône à sommet dirigé vers le ciel. C'est toujours à la
base de ce cône que l'insecte emprunte le sable qu'il

rejette, et ce trou, étant agrandi de haut en bas,
finira par vous offrir l'image d'un cône creux. Si
vous voulez mettre sa patience à l'épreuve, jetez
dans son trou quelques grains de gravier. D'abord
l'animal lancera les moins volumineux hors de la
fosse par un coup de tête. Si la pierre est trop forte,
vous le verrez sortir du sable à reculons, et, glissant
son abdomen sous la masse incommode, il essayera
de la charger sur son dos; puis montant, toujours à
reculons, le long de la pente de sa fosse, et conservant son équilibre par la contraction des anneaux de
son abdomen, il parviendra à jeter son fardeau par-
dessus les bords de son entonnoir. Mais quelquefois
la pierre lui échappe et roule au fond du précipice.
Sans se décourager, il recommencera la même manœuvre six ou sept fois de suite. En désespoir de
cause, il renoncera à son entreprise et changera de
domicile.

Maintenant examinons le parti qu'il tire de ses
constructions. Regardez au fond de l'entonnoir, vous
verrez paraître les deux cornes de l'animal; le corps
de l'insecte est caché dans les parois de sa demeure.
Une malheureuse fourmi arrive dans le voisinage de
ce guet-apens : à peine avancée sur les bords de la
fosse, le bord de celle-ci s'écroulera en partie sous
son poids. Reconnaissant qu'elle est en péril, elle
fera de vigoureux efforts pour gravir cette montagne
escarpée et regagner la plaine ; mais le ravisseur,
qui se tient au fond de son repaire, a été averti par
l'éboulement des grains de sable qu'une proie était

dans son voisinage. Alors avec sa tête, comme avec
une pelle, il jette en l'air le sable qui la recouvre, et
la malheureuse fourmi qui reçoit cette grêle subite
est entraînée vers le bas, non cependant sans redou-
bler d'efforts pour regagner du terrain ; mais les jets
de sable se succèdent sans interruption ; enfin la victime, étourdie, meurtrie et épuisée, roule jusqu'au
fond du précipice et tombe entre les deux griffes
meurtrières qui se referment sur elle. Le *formica
leo,* maître de sa proie, la tire sur le sable et la suce
à son aise ; la dévorer est pour lui l'affaire de deux
minutes. S'il a pris une grosse mouche bleue, son
repas dure deux à trois heures, et après, par un vigoureux coup de tête, il lance au loin le cadavre
inutile. Sa voracité n'épargne aucun insecte ; tout
lui est bon : d'abord les fourmis, mais aussi les
chenilles, les mouches, les cloportes, les araignées
même, sont pour lui un très bon régal. Mais je me
suis oublié, mes enfants, avec mon fourmi-lion, et
il nous reste encore à nous entretenir de quelques
insectes aquatiques.

ARTHUR

Que ces détails sont intéressants ! Certainement
je me procurerai dès demain, s'il est possible, un
de ces rusés insectes. Vous nous accompagnerez,
n'est-ce pas, mon père ? et nous nous arrêterons,
chemin faisant, près de notre étang, puisque vous
allez nous parler d'insectes aquatiques.

LE PÈRE

Les eaux stagnantes et couvertes de matières végétales en décomposition sont le repaire d'une mul-

Salamandre terrestre.

titude d'insectes qui y déposent leurs œufs, et qui
n'ont pas à redouter que l'agitation de cet élément

vienne compromettre leur développement. Les petits
qui sont éclos dans ces eaux tranquilles, ainsi que
plusieurs autres espèces ovipares, se trouvent assez
à l'abri de tous les dangers accidentels; mais il sur-
vient des causes naturelles qui changent ces asiles et
ces retraites en un vaste champ de carnage et de
mort. C'est le rendez-vous des insectes et des reptiles
de proie; car tout être créé obéit à la loi universelle
et irrésistible, depuis l'atome presque invisible suspendu dans les eaux, jusqu'à l'homme, qui com-
mande à la terre et qui la revendique comme sa
propriété. C'est dans ces eaux bourbeuses et sombres
que la salamandre aquatique (*lacertus aquaticus*)
cherche sa nourriture habituelle et toujours abondante, et elle s'en gorgera au point d'en devenir grosse
et replète à l'excès. Elle saisira même dans sa voracité le ver suspendu à l'hameçon du pêcheur; souvent je l'ai vue ainsi tirée de l'eau, et présentant
une forme extraordinaire, ayant un petit mollusque à coquille accroché à l'une de ses pattes et quelquefois à toutes, sur lesquelles ces bivalves s'étaient
renfermés probablement lorsqu'elle poursuivait sa
proie dans la boue. L'eau tranquille est aussi la
demeure d'un petit être très amusant, le gyrin nageur (*gyrinus natator*). Dès le mois d'avril, si le
temps est propice, nous le voyons gambadant sur
la surface des mares et des étangs ombragés, et
tous nos écoliers qui viennent pêcher des ablettes
connaissent bien ce joyeux petit nageur dans sa
veste noire et luisante.

RICHARD

Oh ! oui, je connais bien le gyrin nageur.

LE PÈRE

Ils se réunissent en petites troupes de dix à douze; tantôt ils traceront des lignes circulaires sur la surface de l'eau, en la rasant si légèrement qu'on voit à peine les traces de leur passage ; tantôt, à la moindre alarme, ils plongeront au fond, pour revenir ensuite reprendre leurs ébats.

Une des créatures les plus voraces et peut-être les plus féroces qui infestent nos étangs, est le grand dytique bordé (*dyticus marginalis*). C'est le corsaire et le pirate des insectes aquatiques : sa conformation est adaptée à la vie de rapine qu'il mène. Il a une grande force musculaire, le corselet épais et dur, les yeux grands pour embrasser tous les objets environnants, et ses mandibules puissantes saisissent sa proie et la broient à l'instant : c'est le Polyphème des eaux. Son corps, convexe en dessous, ressemble à la carène d'un vaisseau, et ses tarses aplatis font l'office de bonnes et solides rames ; aussi rien n'égale la vitesse avec laquelle il poursuit sa proie. Lorsqu'il a dépeuplé un endroit, il déploie ses ailes et s'en va butiner ailleurs. Il dévore les petites grenouilles, et il pince si rudement la main même gantée qui veut le retenir, qu'on en éprouve une sensation très douloureuse. Il est presque aussi redoutable à l'état de larve, car il nage admirablement. Nous ne devons pas passer sous silence une particularité dans l'organisation de ce coléoptère. Des multitudes d'insectes existent, pour un certain temps, dans l'eau, à l'état de larves ; et, ayant subi leurs métamorphoses, ils déploient leurs ailes et prennent rang parmi les créatures aériennes. Leur retour à l'élément qui les a vus naître amènerait pour eux une mort certaine ; mais il n'en est pas ainsi de notre dytique, qui reste encore un insecte aquatique après être sorti de l'état de larve et tout en ayant des ailes. Lorsque la fantaisie lui prend et qu'il est las de son humide séjour, ou qu'il est poursuivi par quelque ennemi plus robuste, il s'envole d'étang en étang, de lac en lac, ou bien il se retire dans les herbes du rivage, et va se promener sur la terre ferme. Habitant du sol, de l'air et de l'eau, le dytique est une créature privilégiée.

RICHARD

Nous éprouvons toujours le plus grand plaisir, bon père, à vous entendre raconter l'histoire et les habitudes de quelque insecte. Vous nous apprenez des traits si singuliers, des mœurs si extraordinaires, des coutumes quelquefois si surprenantes et si bizarres, qu'on ne saurait se lasser de vous entendre parler à ce sujet.

LE PÈRE

Nous pouvons comparer l'entomologiste à un voyageur. Dans une région favorisée par un ciel pur

et serein, le voyageur est frappé de la beauté des
sites, de la fertilité du sol, de l'aisance des habitants ; il aime à étudier la religion, les mœurs, le
génie, la civilisation, les arts, l'industrie, fécondés
par la bienfaisante influence d'un climat heureux et
de doctrines régénératrices. Dans d'autres contrées
il recueille soigneusement les précieux restes et jusqu'aux vestiges à moitié disparus de l'antiquité. Il
interroge les pierres des monuments, muettes pour
tant d'hommes, éloquentes, au contraire, pour qui
sait les comprendre. Il recueille la poussière des siè-
cles passés afin de lui demander des leçons pour l'ave-
nir. Dans d'autres pays, il recherche les productions
naturelles, soit dans le règne végétal, soit dans le
règne animal. Au flanc des montagnes les plus es-
carpées, au milieu des rochers épars, il cherche à
recueillir des substances précieuses, et, préoccupé
des problèmes de la géologie, il tâche de discerner
l'ordre dans le désordre, et d'expliquer par des
causes probables les bouleversements dont la preuve
est sous ses yeux.

L'entomologie est un petit univers; chacun peut
y entreprendre un voyage intéressant, en ne consul-
tant que son plaisir et ses goûts particuliers. L'un
voudra connaître les lois politiques qui régissent
certaines républiques et certaines peuplades noma-
des; il ira examiner les abeilles, les fourmis, et surtout les curieux *termites,* qui nous offrent le modèle
d'un petit État dont les formes politiques seraient par-
faites. Les citoyens sont partagés en trois castes ou

tribus : les *ouvriers*, les *soldats* et les *chefs*. Les premiers sont les plus petits, les plus faibles et les plus
nombreux ; leurs mandibules peu développées, leurs

Termites lucifuges et leur travail.

tarses munies de minces crochets leur donnent le
sentiment de leur faiblesse, et les font rester à l'abri
des remparts, occupés à réparer ou à agrandir l'en-

ceinte de la ville. Bientôt les ouvriers subissent une
première transformation, leurs mandibules deviennent arquées et puissantes : ils sont métamorphosés
en *soldats*. Ce sont eux qui doivent veiller au salut
commun, qui doivent repousser courageusement les
attaques des ennemis, et qui prennent au besoin le
rôle d'agresseurs. Tous les guerriers qui ont pu
échapper aux hasards de leur périlleux état subissent à leur tour une nouvelle métamorphose : ils
acquièrent des ailes et passent au rang suprême. Ne
voyons-nous pas dans cette petite nation la réalisa-
tion des rêves de beaucoup d'êtres humains? Éga-
lité parfaite, puisque tous deviendront chefs, à leur
tour, après avoir travaillé à construire ou à défendre
l'enceinte commune ; absence d'ambition, de trou-
bles politiques, puisque tous sont certains de par-
venir aux honneurs suprêmes. Quelle société exem-
plaire! quelles coutumes dignes d'envie !

Les esprits qui ne sont touchés que des procédés
de l'industrie et des arts iront visiter d'abord les petites républiques que nous venons de citer ; puis ils
se dirigeront vers les chenilles fileuses, vers les
larves aquatiques des *phryganes,* vers les *tinéites,*
vers les *fourmis-lions* (*myrmeleo formicarium*).
Ils leur demanderont les secrets de leur merveilleuse habileté à filer la soie, à se fabriquer des
habits, à se bâtir des habitations régulières et com-
modes. Nous leur prédisons que les fatigues du
voyage seront largement récompensées par l'intérêt
et l'importance de leurs observations. Qu'ils ne dé-

daignent point sur les bords de l'eau de donner un coup d'œil à la coque soyeuse que sait habilement tisser l'*hydrophile;* ils seront témoins de l'habileté de ce singulier coléoptère, le seul qui jouisse de cet important privilège [1].

La plupart des hommes remarquent plus volontiers tout ce qui a rapport aux mœurs, aux habitudes, au génie propre. En parcourant les nombreuses tribus des insectes, ceux-là remarqueront leurs différentes façons de vivre, comment ils se procurent les aliments convenables, les ruses que plusieurs emploient pour s'emparer de leurs victimes, les précautions que d'autres prennent pour se mettre en sûreté, leur prévoyance pour se défendre contre les injures de l'air, leurs soins pour se perpétuer, le choix des lieux où ils déposent leurs œufs pour les mettre à l'abri des dangers, et procurer la nourriture convenable à la petite larve qui doit en sortir.

ARTHUR

Voulez-vous, mon père, que chacune de nos promenades devienne un des voyages intéressants dont vous nous parlez? Qu'on doit éprouver de plaisir à observer de ses propres yeux toutes les particularités qui rendent l'entomologie si attrayante !

---

[1] Ce fait, observé pour la première fois par le célèbre Lyonnet, a été depuis vérifié par Dégéer et beaucoup d'autres entomologistes.

LE PÈRE

Je me rends volontiers à votre désir. Chaque soir
nous ferons une excursion dans *le petit monde des
insectes*. Les promenades, que nous ne considérions
que comme un délassement, en seront plus amu-
santes et plus agréables. Vos yeux, devenus curieux
et attentifs à observer, découvriront ce qui échappe
aux regards distraits des autres hommes. Tout va
s'animer pour vous : les arbres, les plantes, les
feuilles, les fleurs, ne seront plus simplement pour
vous des arbres, des plantes, des feuilles et des
fleurs ; ce seront autant de pays habités qui s'offri-
ront à votre étude.

Comme la nature change d'aspect pour les yeux
clairvoyants du naturaliste! La création semble immense ainsi que son auteur, quand on pense que le
chêne, par exemple, porte plusieurs centaines d'espèces d'insectes, et qu'il n'est peut-être pas de
plante qui n'en nourrisse quelques-unes ; que le
sein des eaux en renferme des milliers, et que les
substances animales ou végétales qui subissent la
décomposition putride en contiennent aussi des
légions, qui ont reçu pour emploi de purger la
face de la terre des immondices qui la souillent, et
de rendre plus promptement à la masse générale des
éléments primitifs les matériaux qui leur appar-
tiennent.

Si nous pouvions soulever le voile épais qui dé-
robe à nos yeux les merveilles de l'organisation et

les phénomènes variés qui en résultent, quel surprenant spectacle nous serait réservé! Je n'essayerai pas
aujourd'hui de vous faire connaître une foule de
particularités que nous possédons sur ce sujet si
digne d'intérêt; je me réserve de vous en parler plus
longuement dans une de nos prochaines promenades. Je ne vous raconterai point non plus cette
fois les prodiges des transformations des insectes :
c'est bien certainement un des faits les plus frappants de l'histoire naturelle des animaux; aussi j'y
reviendrai dans une de nos futures excursions entomologiques.

Nous terminerons notre promenade et notre entretien de ce soir par quelques réflexions sur les
prétendues découvertes des anciens observateurs, et
sur le soin et l'attention qu'il faut toujours employer
quand on veut étudier la nature et expliquer quelques-uns de ses actes environnés souvent de l'ombre
du mystère. Quelques esprits trop passionnés, quelques imaginations trop vives n'ont pu se garder du
merveilleux et des contes populaires, et ont substi-
tué les rêves et les fictions de leur crédulité aux
faits avérés et incontestables. Je me bornerai à vous
citer quelques exemples.

La mante (*mantis religiosa*) est un insecte or-
thoptère auquel des gestes singuliers ont fait donner
les noms bizarres de *sorcière*, de *devin*, de *prie-
Dieu*. Son corps est recouvert de larges ailes traversées par des nervures nombreuses qui leur donnent
presque l'apparence d'une feuille; son corselet long

et effilé, et ses pattes antérieures ont une conformation toute particulière qui leur a valu la dénomina-
tion de *pattes ravisseuses*. On a vanté surtout l'extrême charité de cet insecte : on a dit que quand

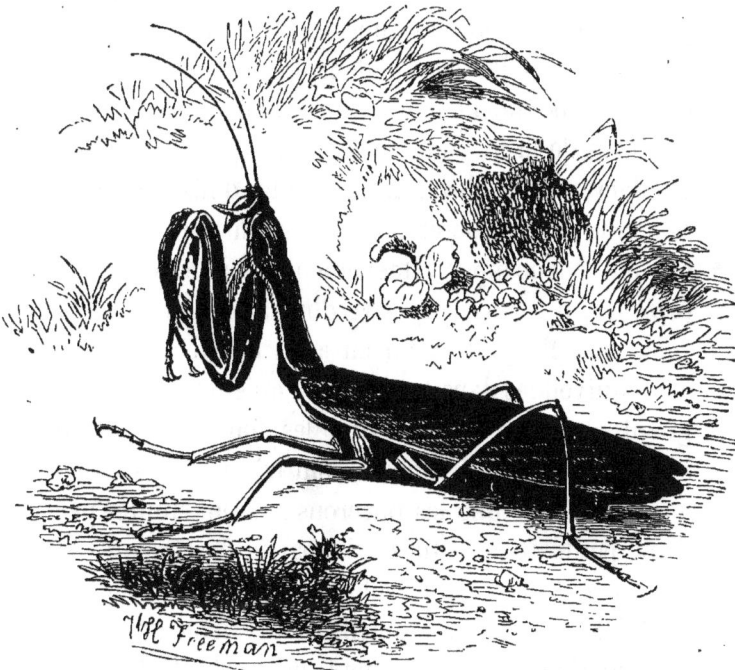

Mante prie-Dieu ou religieuse (gr. nat.).

un enfant égaré lui demandait son chemin, il s'empressait de le lui indiquer avec ùne de ses pattes, et
on ajoutait que rarement il avait induit en erreur.
Un autre insecte de la même famille, la phyllie
(*feuille*) a donné lieu aux contes les plus absurdes.
Cet insecte se trouve dans l'Inde, et tout son corps

est protégé par de larges élytres verts qui ressemblent parfaitement à des feuilles. Des voyageurs
amis des fables ont débité qu'ils avaient vu dans
l'Inde des feuilles prendre la fuite quand on voulait
les saisir. On a encore attribué aux fourmis un
grand respect pour les morts ; on a loué les soins
avec lesquels elles leur rendent les devoirs funèbres,
et ces récits étaient fondés sur ce qu'elles transportent hors de la fourmilière leurs compagnes mortes.
Goedaër, plus célèbre comme peintre d'histoire naturelle que comme observateur, nous dit que les fourmis ont beaucoup d'attachement pour les pucerons
(*aphys*), qui sucent la sève d'un grand nombre de
végétaux. Il ajoute qu'il en a vu des témoignages
non équivoques dans les caresses qu'elles leur prodi-
guent. Ignorait-il donc que les fourmis, comme
nous l'avons dit plus haut, sont très friandes d'une
liqueur miellée que les pucerons laissent suinter par
deux petits tubes situés à la partie postérieure de
leur corps ? Il se laisse aller même jusqu'à vouloir
traduire les discours qu'elles leur tiennent et les
conversations qui s'engagent de part et d'autre.
Goedaër n'entendait sûrement pas beaucoup leur
langue, et on a peine à comprendre comment un
auteur grave a pu imaginer de pareilles puéri-
lités.

ARTHUR

Mon père, avant de terminer notre intéressant
entretien, veuillez nous dire s'il est vrai que quel-

ques plantes aient la faculté de donner la mort aux
insectes qui viennent se poser avec confiance sur
les bords de leurs pétales épanouis.

LE PÈRE

Je voulais, en effet, vous dire quelques mots sur
un fait bien reconnu par les naturalistes, dont les
causes ne paraissent pas encore suffisamment dé-
montrées à notre faible raison, et que nous avons
peine à concilier avec nos sentiments : c'est que
quelques plantes sont destinées à être des instruments de destruction pour le monde des insectes.
Parmi nos plantes indigènes, il en est qui présentent cette organisation meurtrière, et dont les
calices et les pétales, enduits d'une manière vis-
queuse et gluante, retiennent pour toujours captif
le malheureux insecte attiré par leurs dehors trom-
peurs. L'appareil destructeur de l'attrape-mouche
(*droseræ*) diffère de ceux-ci, et donne à ses victimes une mort moins lente. Mais il existe dans nos
jardins une plante (*apocynum androsæmifolium*)
qui est indigène de l'Amérique septentrionale, et
qui pour les pauvres insectes est un véritable guet-
apens ; la mouche la plus agile ne saurait échapper
à la fin cruelle qui l'attend au fond de son calice
perfide. Attiré par la liqueur miellée que recèle le
nectar de ses boutons épanouis, l'insecte y plonge
sa trompe. Aussitôt les filaments se rapprochent et
le saisissent, et le malheureux captif, après une longue et douloureuse lutte, finit par mourir d'épuise-

ment ; les filaments alors se relâchent, et le corps
tombe à terre. Le disque de la plante sera quelquefois noirci par le nombre des victimes qui ont trouvé
la mort dans son sein. Il est possible que l'action et
l'élasticité des filaments contribuent à la fécondation
de la semence en dispersant le pollen sur les anthères ;
mais nous ne pouvons pas nous expliquer comment
la destruction de ces créatures vivantes devient nécessaire aux besoins de la plante ou profitable à sa perfection. Notre ignorance sur ce point se borne à voir
dans cette disposition l'exercice d'une cruauté inutile. Téméraires que nous sommes ! comme si les
causes et les motifs d'action dans les êtres créés nous
étaient connus, et comme si nous avions le droit de
révoquer en doute la sagesse du grand Maître de
l'univers. Notre prétendue science est confondue et
humiliée devant le mécanisme d'une simple plante.
C'est ainsi qu'autrefois les caractères mystérieux
inscrits sur la muraille, quoique vus de plusieurs,
n'ont pu être lus que par un seul.

Vous le voyez, mes petits amis, l'étude de l'entomologie est loin d'être une lecture purement fri-
vole et un amusement complètement inutile. Beaucoup d'occupations humaines qui prétendent se
glorifier du titre de *raisonnables* et d'éminemment
avantageuses pourraient bien éprouver quelques
difficultés à faire leurs preuves, et, après mûr
examen, se trouver plus stériles que l'amusante
étude des insectes. Nous convenons sans la moindre
hésitation que le nombre des observations essen-

tiellement utiles que nous fournit l'histoire naturelle des insectes est petit en comparaison du nombre
de celles qu'on peut appeler purement *curieuses* ;
mais c'est précisément là un des charmes de l'histoire naturelle en général, et de celle des insectes
en particulier.

Pour nous, mes chers enfants, tâchons d'étudier
scrupuleusement la nature et ses œuvres ; soyons
bien persuadés que nous chercherions en vain à
les embellir. Que nos études entomologiques ne se
bornent pas à de sèches nomenclatures de genres
et d'espèces ; ne nous lassons pas d'étudier les habitudes, les mœurs, les instincts de ces curieux petits
animaux. Que ces études ne soient point stériles
pour notre cœur ; rien ne saurait nous porter plus
vivement à Dieu que l'étude de ses œuvres. S'il a
daigné donner une petite portion de vie à ces frêles
créatures, s'il leur a prodigué des trésors qu'il a
refusés souvent à des êtres supérieurs, pourquoi
négligerions-nous de lui en rapporter toute la
gloire ?

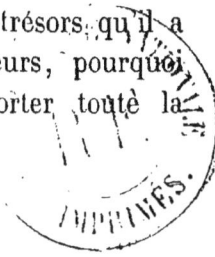

FIN

TABLE

—

14537. — Tours, impr. Mame.

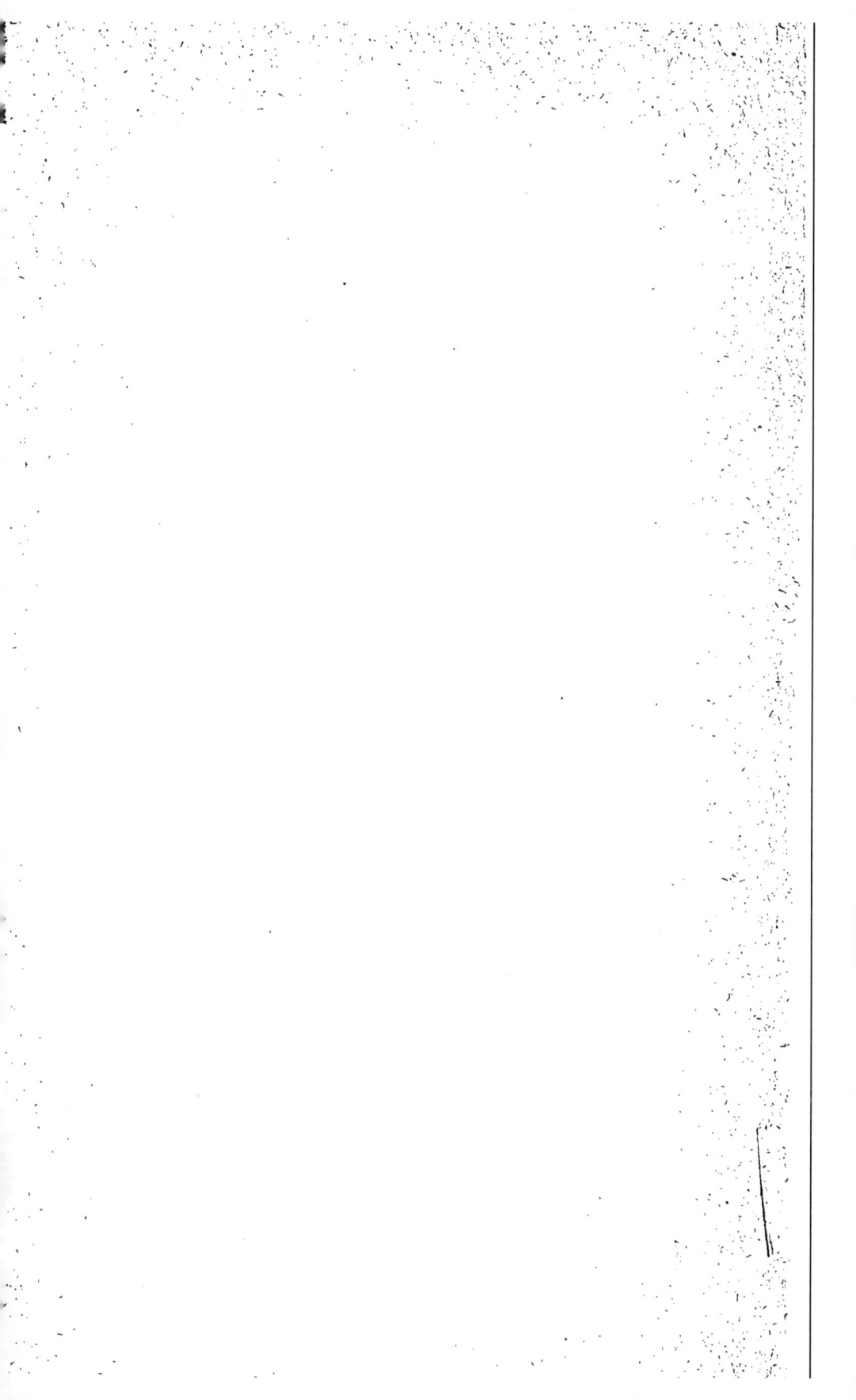

Tours, imprimerie Mame.

www.ingramcontent.com/pod-product-compliance
Lightning Source LLC
Chambersburg PA
CBHW070521200326
41519CB00013B/2886